长白山中蜂

饲养技术

薛运波　主编

中国农业出版社

北　京

图书在版编目（CIP）数据

长白山中蜂饲养技术/薛运波主编．—北京：中
国农业出版社，2019.7
ISBN 978-7-109-25587-6

Ⅰ.①长… Ⅱ.①薛… Ⅲ.①养蜂 Ⅳ.①S89

中国版本图书馆CIP数据核字（2019）第108631号

中国农业出版社

地址：北京市朝阳区麦子店街18号楼
邮编：100125
责任编辑：黄向阳 郭永立 弓建芳
版式设计：杨 婧 责任校对：巴洪菊
印刷：北京通州皇家印刷厂
版次：2019年7月第1版
印次：2019年7月北京第1次印刷
发行：新华书店北京发行所
开本：700mm×1000mm 1/16
印张：16
字数：270千字
定价：98.00元

中国养蜂学会40周年献礼！

内 容 提 要

　　本书从长白山中蜂的生活习性入手，围绕当地蜜源、气候，重点介绍长白山中蜂的常规饲养管理技术、四季管理技术、病虫害防治以及优质蜂产品生产技术等，突出中蜂饲养的规范操作，旨在促进蜂产业持续、健康、快速发展。

主编简介

　　薛运波, 男,中共党员,1961年1月20日出生于吉林省敦化市,汉族,大专学历。1981年4月至1984年12月在延边养蜂科研站任技术员;1985年1月至1992年5月在吉林省养蜂科学研究所任研究实习员;之后一直在吉林省养蜂科学研究所工作,1992年6月至1995年12月任助理研究员、育种场副场长;1996年1月至1998年10月任副研究员、育种场场长;1998年11月至2003年2月任副研究员、副所长;2003年2月至2016年8月任研究员、所长;2011年1月至今被聘为二级研究员。

　　现兼任国家蜂产业技术体系岗位科学家,中国养蜂学会副理事长,国家畜禽资源委员会委员、蜜蜂专业委员会副主任,全国畜牧业标准化技术委员会(SAC/TC247)委员,全国蜂产品标准化工作组(SAC/SWG2)委员。1980年参加工作以来完成科技成果52项,有27项成果获得国家、省部级科技奖励,其中参加完成的"喀(阡)黑环系蜜蜂选育研究"成果(第二完成人),1991年获国家科技进步二等奖。参加编写《中国蜜蜂学》等著作17部,在国际养蜂大会、《中国农业科学》等学术会议和期刊上发表论文146篇。先后获中国青年科技奖、国务院特殊津贴专家、首批新世纪百千万人才工程国家级人选、吉林省有突出贡献的中青年专业技术人才、省拔尖创新人才第一层次人选、省优秀共产党员、省劳动模范等荣誉称号。

编者名单

主　　编　　薛运波

副主编　　牛庆生　李杰銮

编　　者　　薛运波　牛庆生　李杰銮

　　　　　　刘玉玲　李志勇　薛春萌

前 言

长白山中蜂饲养是一项传统的特色养殖产业，具有投资小、见效快、收益大，不与农业争水、争肥、争土地，不污染环境等优点。其不仅能够为人们开拓致富门路，向社会提供丰富的蜂产品，而且能够利用蜜蜂授粉促进农林牧业增产增收、提质增效，是利国利民有益于全社会的事业。

长白山区具有丰富的蜜源植物资源，多达400多种，是全国最大的椴树蜜源基地，被誉为"天然蜜库""绿色制糖厂"。拥有椴树、槐树、山花、向日葵等商品蜜源及辅助蜜源500多万hm²，蜂蜜年蕴藏量10万t以上，可放养蜜蜂100万群以上。长白山中蜂长期生活在长白山区特定的气候、蜜源条件下，形成了个体较大、体色偏黑，耐寒能力较强，维持大群，采集力强，产蜜量较高，抗病能力强等形态特征和生物学特性。

养蜂是一项技术性较强的工作，需要严格遵循自然规律和蜜蜂生物学特性，正确处理蜂群与气候、蜜源之间的关系，运用饲养管理技术，动员小蜜蜂向大自然索取财富。编写《长白山中蜂饲养技术》一书，旨在利用好长白山地区丰富的蜜粉源资源和得天独厚的长白山中蜂资源，挖掘其生产潜力，推动养蜂产业的发展，为农民增收致富和改善恢复生态环境提供技术支撑。本书既适合农业农村、林业、特色养殖技术人员推广、培训使用和蜂农阅读，也可供农业院校相关专业师生参考。

　　本书在编写和出版过程中得到国家蜂产业技术体系资金资助。

　　2018年是中国养蜂学会成立40周年，编者所在单位是中国养蜂学会副理事长会员单位，出版此书献给中国养蜂学会成立40周年！

　　由于编写人员水平和能力有限，书中错误和不妥之处恳请读者批评指正，以便今后改正。

编　者

2018年9月

目 录

前言

第一章 长白山中蜂资源概况

第一节 长白山中蜂的历史

一、长白山中蜂起源

长白山中华蜜蜂简称长白山中蜂，是中华蜜蜂宝库中的珍贵资源，它抗寒、较耐大群的生物学特性，在国内外东方蜜蜂中是不可多见的。在研究长白山中蜂的过程中我们了解到，东北地区的养蜂业起源于长白山，起源于古老的中华蜜蜂（图1-1），是人类利用大自然的产物。从远古人类在森林中初识蜂巢以蜜为食开始，到主动采捕蜂蜜、土法饲养蜜蜂，经历了数千年的历史，这段历史正是现代人类文明的发展时期。人类的生产活动不仅为长白山中蜂的昌盛起到了积极的推动作用，而且也对其种族的衰落有很深的影响。

"长白山"在历史上几经易名，周秦以前称不咸山，汉朝称单单大岭，魏时称盖马大山，南北朝称徙太山，唐朝称太白山，自辽、金时代始称长白山。

长白山经历了漫长的地质年代，经多次海陆变迁和演化，距今2.3亿年前，即从中生代进入大陆活动阶段，经过喜马拉雅造山运动形成长白山。自第三纪以来在地壳间歇性抬升和多次火山喷发过程中逐渐形成长白山主峰。长白山区在4亿年前出现陆生植物，3.5亿年前出现裸子植物；在距今2亿至1.4亿年前裸子植物非常繁茂，并出现双壳动物和昆虫类生物；在距今

图1-1 蜜蜂与被子植物化石
（薛运波 摄）

1.3亿年前出现被子植物；在间冰期气候转暖，加上受海洋季风的影响，使热带和亚热带植物由南向北侵移到长白山区。长白山现有第三纪的植物孑遗种，如胡桃楸、黄菠萝、山葡萄、五味子、软枣、猕猴桃、小花木兰等，其中蜜粉源植物占80%以上。以此分析，约在5 000万年以前，长白山区的森林中生长着许多种蜜源植物。

根据国内外对蜜蜂起源的研究和物种起源的中心学说进行分析，远古时期，随着被子植物的繁茂，长白山中蜂的分布区域从起源地华北和辽宁西部（依据山东、辽宁等地发现蜂类化石分析）不断地向周围延伸，它的自然分蜂和飞逃迁徙性，使其扩展速度超过某些生物种。中蜂在向长白山区扩展的过程中，经过适者生存、不适者淘汰的自然选择，生存下来的在繁殖中继续不断扩展、不断适应新环境；进入长白山区之后，渐渐形成了适应本地自然环境的生物学特性。在历史上，长白山区的南部和西部，曾有过大面积的东方蜜蜂分布，向西到辽宁，同关内中蜂分布区连接在一起（图1-2）。可能古时中蜂从起源地沿着这个分布区，向东扩展，延伸到长白山及其东部遥远的地方。从中蜂起源地区到东北的长白山区，气候相差悬殊，冬季可达数十度之差，但两地数千里间的许多小区域之间的温差则较小。中蜂在扩展过程中渐渐延伸分布范围，其抗寒生物学特性也随着延伸后的新环境气候循序渐进地演变。长白山区冬季长而寒冷，夏季短较温暖，原始森林中的蜜源植物花期集中，中蜂生活在这种越冬期长、无蜜源期长（蜜源期短）的环境中，逐渐形成了抗寒（于−40℃以下在树洞中自然越冬）、耐大群（强群筑造15张自然脾）的生物学特性，演变为不同于起源地的生态类型，进而使自己在新的环境中得以生存、繁衍。

图1-2　蜜蜂横断面与蜜蜂化石
（薛运波　摄）

由此推测，长白山中蜂是在当地出现被子植物以后或被子植物进入繁茂时期，由起源地扩展而来，逐渐形成。

二、长白山野生中蜂昌盛时期

自进入全新世地质年代以来，长白山区植物种属逐渐增多，在距今50万年以内进入现代植物时代。植物的繁茂为动物的生存创造了条件，丰富了自然界的生态关系。随着蜜源植物的繁茂，长白山中蜂种族在繁衍中进入昌盛时期，分布面积继续延伸，扩大到与长白山毗邻的地区。蜜蜂、蜂巢、蜂蜜在森林里出现，某些动物以其为食物的行为也随之出现。如蜜狗（青鼬）具有寻觅蜂巢的高度灵敏性，哪里有蜂巢它就在哪里生存、繁衍，古人采捕野生蜂蜜以发现蜜狗为向导寻找蜂巢；黑熊以蜂蜜、蜂巢为食的嗜好成为一种习性，它在树下听见蜂的嗡嗡声就循音上树猎食蜂蜜；还有一些以蜂和蜜为食物的兽类、鸟类、虫类等。在生物演化的历史过程中，野生中蜂同这类生物形成了自然生态关系，成为生物链上的一个成员。在总的生态平衡的范畴内，野生中蜂依赖原始森林中丰富的蜜源植物资源，以较强的生活力保持着种族的兴旺昌盛而渡过了一个较长的历史时期（图1-3）。

图1-3　野生蜜蜂空心树蜂巢

（薛运波／柏建民　摄）

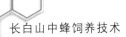

在6万～7万年以前，长白山区就有古人类活动。早在4万年前的"榆树人"和2万～3万年前的"安图人"均进入人类学的新人阶段。这些原始人生活在大森林里，集居于洞穴中，靠狩猎和采集植物果实、根茎为食。距今5 000多年以前，长白山出现了肃慎人，从舜、禹到商、周时期称其"肃慎"或"息慎"，汉时称"挹娄"，北魏称"勿吉"，隋唐称"靺鞨"，唐以后为渤海国，辽、金、元、明称为"女真"，清朝称"满洲"。这些原始的东北人在长白山区的狩猎采捕活动中，发现了树洞中的蜂巢，认识了蜂蜜，从此蜂蜜成为人类甘甜的象征（图1-4）。长白山区地方史志中有多处"土人上树打松塔、打枯树干柴时从树窟中见蜂巢取蜜为食"的记载。古时人烟稀少，这种捕蜂量毕竟很小，没有妨碍中蜂的兴旺，蜜源和地理条件优越的地方蜜蜂愈加密集，往往一座山、一道山谷内有几十群以至上百群之多。据不完全调查，长白山区以蜜蜂和蜂蜜命名的地方多达100余处，如永吉的江蜜蜂、双阳的蜂蜜顶子、九台的蜂蜜营子、海龙的蜂蜜山、桦甸的蜂蜜砬子、长白县蜂窝砬子（图1-5）、通化的大蜂蜜沟和小蜂蜜沟、松花湖边的蜂蜜峰、蛟河的蜂蜜砬子、舒兰的蜂蜜岭等，每一地名都能追溯出一段野生蜂繁多盛产蜂蜜的传说（图1-6）。

图1-4　采收蜂蜜烫画
（引自谢志安，2018）

图1-5　长白县蜂窝砬子
（薛运波　摄）

古时中蜂之昌盛为我们的先人留下了甜蜜的历史。《盛京通志》称："蜂蜜出吉林诸山中"；《长白山志》记载，商朝以前居住在长白山区的肃慎人已能用石斧砍伐树木，在森林中开垦土地，用石刀收割庄稼。从生产工具来看已进入能够伐树、挖窟倾巢采捕蜂蜜的时代。据考古资料分析，青铜时期的西团山文化遗址蛟河市天南乡的蜂蜜砬子、拉法乡的蜂蜜山等地曾是早期的蜂蜜采

图1-6　蜂蜜地名
（引自葛凤晨，2006）

捕地（图1-7）。698—926年，渤海国曾向唐朝进贡方物132次，其中包括蜜蜡，而且还将蜜蜡运往中原市场进行交易。10世纪初叶"女真国产人参、蜜蜡、松实等，并以此为市，契丹人常以低价强行购取。""女真国东西长八百

图1-7　野生蜂巢蜜
（薛运波／柏建民 摄）

里，南北一千里，皆居山林耕养，常以人参、黄蜡、蜂蜜、松子等方物入贡或买卖。""女真人最重油煮面食，以蜂蜜涂抹，名曰茶食。"宋朝"金人以蜜制茶食，以自制蜜糕为贵食。""契丹国祝贺宋朝皇帝生日以蜜渍山果为礼物。"明朝女真人向朝廷进贡的方物和出售的土特产品中，蜂蜜、蜂蜡占重要地位，1583—1584年（明朝万历年间）女真人在马市上出售蜂蜜数千斤。清朝政权确立以后，将长白山作为发祥地长期封禁，并在吉林设立打牲乌拉特殊机构，划出22座贡山和64处贡江河口，专司采捕松子、蜂蜜、东珠、鳇鱼等贡品，年交蜂蜜5 000kg之多（图1-8、图1-9）。盛京礼部也设兼采蜂蜜的官庄，为皇陵、庙宇提供祭品，年交蜂蜜4 000kg左右。清朝雍正五年（1727年）朝廷议定"现有汉人进蜜，将裁撤吉林打牲乌拉蜜贡"，但由于汉人交蜜不够皇宫之用，雍正六年（1728年）又决定吉林打牲乌拉照常交送贡蜜，足见当时长白山区蜂蜜产量在全国占重要的地位。清朝吉林官府恭贺皇帝万寿的贡物中有多种蜂产品，如白蜜、红蜜、生蜜、蜜脾、蜜尖、蜂糕饽饽、蜜渍山果等。

图1-8　采收野生蜜蜂蜂蜜烫画　　　　图1-9　采收崖蜜烫画
（引自谢志安，2018）　　　　　　（引自谢志安，2018）

从唐代渤海国以蜂蜜为礼品，到清朝在吉林设打牲乌拉机构为皇家采捕贡蜜，时跨1 000多年，长白山蜂蜜一直作为礼品、贡品及甜食资源开发生产，经久不衰。

清朝对其发祥地长白山的封禁政策，客观上保护了森林资源。在这很早以前，我国关内大部分地区已开发，中蜂的野生分布环境大为缩小。然而，此时长白山区森林繁茂，保持着完好的自然生态关系，野生中蜂仍处于昌盛时期。尽管每年除居民随机采捕毁灭一些之外，官方机构还要有组织、有计划地为朝廷采捕近10t蜂蜜，会毁灭数千群蜜蜂，但这种消耗没有削弱长白山中蜂种族的兴旺。可见，当时中蜂数量之多、分布范围之大、野生蜂巢之密集、采捕蜂蜜之方便，也体现了清朝贵族喜食蜂蜜的传统习惯，具有较深的历史根源。

三、长白山中蜂饲养时期

从肃慎到女真时期，长白山人长期居住在森林中，丰富的野生蜂蜜是其特有的甜食资源，成为生活中不可缺少的食物品种之一。从采捕到饲养是古人类生产活动发展的历史过程，土法饲养中蜂是人们在早期猎取野生蜂蜜的生产活动中，将具有野生蜂巢的树看护下来，据为部落或自己所有而逐渐演化来的。女真时期以至在此之前已出现土法饲养中蜂的生产活动，地方史料记载："蜜产诸山中，土人于树上挖窟养之，以取蜜。"

古时，长白山人冬居地下"穴室"，夏在树林中筑巢，长期生活在森林中。在居住点附近有其熟悉的狩猎采捕区，经常在那些地方猎捕食物，那里的野生蜂巢也自然成为其定地采捕目标。人类进化为居住房屋之后，分蜂季节野生蜂常常飞落住宅，进入能够筑蜂巢的土仓或器具中，自然归主人所有。据《辽史》记载，10世纪初，人们模仿野生蜂巢，挖树窟引蜂入巢，即是土法饲养初期。在长春石碑岭金朝开国元勋完颜娄室墓地，现存12世纪随葬的西龟趺工艺品，其龟背花纹系由规则的六角形蜂房图案排列组成。可见，12世纪以前女真人在采捕野生蜂蜜和土法饲养中蜂的生产实践中，不仅对蜜蜂巢脾非常熟悉，而且还能将蜂房结构运用到工艺图案上。

史料记载（图1-10），古时养蜂最早使用的蜂巢，是长600mm左右的木桶或树皮桶，上下无盖，中间放置有小孔的木板。初春时桶挂在房上或树上，9月即可将桶内的蜂巢、蜜蜂同蜂蜜捣和一起，进行毁巢取蜜。后来以高900mm左右、直径300mm左右的木桶或树皮桶制成立式蜂巢，在中部开一小孔为巢门，上部用坡形木盖或苫草加黄泥封固，底部坐在木墩上。在明、清时期，民间已有芒种前立蜂桶的传统，即将桶内涂以蜂蜜或蜂蜡立于山前或树下，待春末中蜂自然分蜂时吸引分蜂团进入蜂桶。相传古时，吉林城东五十里（约25km）处原无村庄，只有一个姓江的养蜂人住在这里，人称

图1-10　记载蜂蜜、蜜蜂的书籍

(引自葛凤晨，2006)

此地"江蜜蜂"。1644年在此处建江蜜蜂屯，后来由于年久失传，误将"江蜜蜂"写为"江密峰"沿用至今。可见此处江姓养蜂历史之久远。那时土法饲养中蜂广为山区人们采用，发展为副业生产，扩大了蜂蜜、蜂蜡产品的来源。清朝中后期，在森林中出现了专业从事土法养蜂与采捕野生蜂蜜的生产活动，松花江上游山区多数农户家养10～20桶蜜蜂。清末民初，随着长白山的开发，土法饲养者甚多，遍及山区20～30个县，曾出现过饲养上百桶的养蜂大户，山区饲养蜂量达数万桶（图1-11）。此期九台县43家养蜂户年产

图1-11　土法饲养中蜂

(薛运波　摄)

蜂蜜1 500kg；1908年磐石县产蜂蜜1 400kg；1916年汪清县产蜂蜜2 650kg；1914—1915年吉林市蜂蜜上市量为46 000kg；1921年蜂蜜上市量为46 800kg、蜂蜡上市量为5 270kg。1914年通化县以长白山中蜂蜜蜡产品参加巴拿马万国博览会；1951年通化县将长白山中蜂产的"霜蜜"和"雪蜡"送北京商品陈列所参展。

20世纪初以土法饲养中蜂和采捕野生蜂蜜相结合的蜂业生产已达到历史最佳水平。1910年在吉林官府任职的诗人沈兆提先生，面对当时蜂业发展形势曾写下"蚕丝蜂蜜虫成蜡，利济民生造化工"的诗句。20世纪20年代，西方蜜蜂传入长白山区后，桦甸、永吉等地曾提倡以活框新法饲养中蜂（图1-12）。1931年《桦甸县志》记载："昔年土产蜂蜜量甚富，但以不爱护产量日渐退落。采用西人养蜂方法经营颇著，使桦人取法仿行于天然者爱

图1-12　活框饲养蜜蜂烫画
（引自谢志安，2018）

护之，加以人工培养，则大利可博有必然者。"1949年后在通化、集安、蛟河、敦化、安图等地曾采用过活框新法饲养中蜂，有的养蜂者新法饲养中蜂几十年，群产蜂蜜高达40～50kg，取得了较好的经济效益。20世纪80年代，集安县曾改良了几百群中蜂，建立了中蜂新法饲养示范蜂场。

四、长白山中蜂衰落时期

长白山区出现人类生产活动以后，特别是1万年以来，森林的变迁再不是单纯的自然因素，而是自然条件与人类社会活动综合作用的结果。在3 000多年以前，虽然森林已有所砍伐，但由于人烟稀少，对森林的砍伐量还达不到消耗生长量的程度，仍保持着较好的森林植被。一直到辽、金、元三代，长白山区的女真族所从事的狩猎、采捕、耕养活动，对森林破坏性仍然不大。在200年以前，除有局部采伐外，长白山森林基本为原始状态，仍处于"棒打狍子瓢舀鱼，野鸡飞到饭锅里"的自然生态优势时期。自清朝后期长白山森林大量采伐，较多的移民涌进林区开荒种田，树木砍伐量大大超过自然生长量，森林资源锐减。据史志记载："咸丰以前奉天（沈阳）东北边地尚无开

辟，山深林密，土旷人稀"；"1887年以前敦化为森林丛茂之地，开荒之后，渐次稀疏"；"农安自日俄战争之后森林砍伐殆尽，四望荒芜，风沙满目。"随着人口的增多和森林工业的发展，采伐量日趋上升，森林面积急剧缩小，自然生态失去平衡，200年以前的生态关系已不复存在。

在这种生态变化的过程中，长白山中蜂以较强的适应性继续生存，由原始森林的生活环境逐渐过渡为次生林、荒山、草坡的生活环境，进一步适应了人工饲养环境。清末至民国期间，中蜂的野生量仍然较大，土法饲养也达到高峰，蜂蜜、蜂蜡发展为山区外销的重点土特产品。采捕蜂蜜的面广、量多，已大大超过了中蜂群体繁殖能力。因此，尽管此时自然资源的破坏还没有达到使中蜂难于生存下去的程度，但加上人工采捕这一因素，中蜂的生存量已严重削减。至1949年初，长白山区中蜂分布范围收缩到具有自然蜜源的20多个县，密度减少65%以上，100年前曾为朝廷生产贡蜜的打牲乌拉禁区永吉、榆树、双辽、九台等县，采捕野生蜂蜜已极少见。

20世纪20年代前后，西方蜜蜂进入长白山区，其活框饲养方法和较高的经济效益，促使山区传统的土法饲养中蜂随之转变为新法饲养西方蜜蜂。当时西方蜜蜂分布和饲养量均未达到妨碍中蜂生存的程度，虽然也出现了人们意识不到的哪里饲养西方蜜蜂较多，哪里中蜂已减少的现象，但中蜂与西方蜜蜂仍然自然地分区生存。60年代后，西方蜜蜂大量进入长白山区放养，每年外地进入30万～60万群，加上本地饲养的20多万群，西方蜜蜂分布密度随着森林工业和交通的发达，已遍及中蜂收缩后的有限分布区域。这种东、西方蜜蜂短兵相接的种间竞争（盗蜂、争蜜源、干扰蜂王交尾等）仅仅不过20年，使中蜂进一步衰落，在森林里常常见到空空的野生蜂巢。80年代仅有集安、长白、通化、蛟河、舒兰、桦甸、永吉等县的局部地区，还有少量野生中蜂和土法饲养的中蜂（图1-13）。某些曾以蜜蜂和蜂蜜命名的地方，野生中蜂绝迹，蜜蜂故乡已空有其名。长白山中蜂不再是历史上的昌盛之业，而是进入了衰落时期。

图1-13　重复利用的野生蜂巢
（薛运波　摄）

20世纪90年代以来，由于产业结构的调整变化，长白山区的西方蜜蜂锐减，每年外地进山放养的西方蜜蜂和本地饲养的西方蜜蜂下降到10万～20万群。这样一来，西方蜜蜂的覆盖面积缩小了，对中蜂的竞争力减弱了，中蜂种族的生存繁衍条件有所恢复，山区的野生中蜂显著增加。在中蜂几乎绝迹的敦化、安图和龙一带又出现了中蜂分布区。1994—1995年这一带发现了500多群野生中蜂（未发现的野生蜂巢可能还要多于此数倍）。在尚有零星桶养中蜂的蛟河、桦甸、永吉、集安、长白、抚松等地，桶养中蜂和野生中蜂数量也有增长的趋势。在西方蜜蜂较少的地方，中蜂分布范围有所扩大，野生密度有所增加，部分山区又出现了采捕野生蜂蜜的副业生产活动。

五、长白山中蜂兴衰的因素及展望

1. 长白山中蜂的兴旺昌盛是自然植物资源繁茂的结果　长白山中蜂兴旺时期，也是长白山自然资源最好的时期，蜜蜂赖以生存的蜜粉源资源最好的时期。蜜蜂生活所需的蜜粉饲料，在一年四季能够得到满足，并且还富富有余能提供给人们。然而随着长白山的开发、自然资源的减少和人们的大量采捕，中蜂优越的生存条件发生变化，中蜂种族面临着衰落。但就长白山的开发和自然资源的减少以及人们采捕的历史进程来看，虽然能使中蜂的分布范围缩小、生存量减少，但不至于以如此快的速度使中蜂衰落到严重的程度。即使是人们的采捕（包括土法饲养毁巢取蜜）量逐步增长到超过中蜂自然繁殖量，即采捕量和繁殖量由正比走向反比之后，中蜂的数量相对减少，但那些生存在人们难以寻觅之处的中蜂足以保持种族生存的优势。因此，自然资源的减少和人们对中蜂的大量采捕，这两个因素虽然能够使中蜂日趋减少，并走向衰落，但不是当前长白山中蜂衰落的主导因素。

2. 西方蜜蜂进入长白山区加速了长白山中蜂的衰落　在20世纪20年代长白山区引进西方蜜蜂以前，中蜂的分布区和生存量随着资源的收缩以及采捕量的增加而减少，但这种变化是几千年来延续下来的缓慢变化。西方蜜蜂引进长白山区的前期，仅仅分布在局部地区、数量又较少，对中蜂生存的干扰虽然已开始出现，但对整个山区的中蜂尚无大的影响。随着西方蜜蜂的增加，分布区迅速扩大，20世纪80年代时西方蜜蜂覆盖整个山区，饲养量达到历史高峰，而此期长白山中蜂生存的数量迅速下降，分布范围急剧收缩，仅20多年的时间就进入了衰落期。因此说，西方蜜蜂同东方蜜蜂的种间竞争是长白山中蜂衰落的主导因素。进而设想，即使没有资源减少和人们采捕两个因素，在东、西方蜜蜂的种间竞争中，长白山中蜂的衰落仍然是不可避免的。

3.自然资源恢复给长白山中蜂发展带来希望 长白山中蜂的祖先从起源地逐步扩展到冬季长而寒冷的长白山区，经受了严峻的考验而生存下来，进而形成了适应本地自然条件的生物学特性，使这一种族在长白山区繁衍昌盛，长达数千年。现在中蜂于衰落中仍然在适应着已经变化了的自然环境。从20世纪90年代长白山中蜂悄然复兴的现象来看，中蜂不仅能够适应已经变化了的蜜源条件，而且同西方蜜蜂的共存也在逐渐适应，在未来漫长的演变过程中，长白山中蜂会逐渐成为适应新环境的东方蜜蜂品种。

第二节 长白山中蜂现状

一、分布概况

（一）中心产区

长白山中蜂的中心产区在吉林省长白山区的通化、白山、吉林、延边、长白山管委会5个地区及辽宁东部部分山区。长白山中蜂占总群数的百分比吉林省为85%，辽宁省为15%。

（二）产区自然生态条件

长白山中蜂分布区系长白山区及长白山余脉区域，东部与俄罗斯接壤，东南部隔图们江、鸭绿江与朝鲜相邻。分布区内山岭起伏，河谷环绕。长白山主峰海拔2 691m，山区盆地海拔80m。属温带大陆性气候，年平均气温2.6～6.3℃，极端最高气温38℃，极端最低气温−42.6℃；无霜期110～153天。年降水量636～998mm，全年相对湿度70%～72%。分布区内河流较多，降水充沛，土质肥沃，植被繁茂，森林覆盖率达50%以上，野生蜜源植物丰富。主要蜜源有椴树、槐树、山花；辅助蜜源植物有数百种：4月的侧金盏、柳树，5月的槭树、稠李、忍冬，6月的山里红、山猕猴桃、黄柏，7月的珍珠梅、柳兰、蚊子草，8月的胡枝子、野豌豆、益母草、月见草，9月的香薷、兰萼香茶菜等，为长白山中蜂繁殖和生产提供了优越的蜜粉源条件。

二、保种工作

吉林省养蜂科学研究所自20世纪80年代对长白山中蜂资源进行了调查，并于1994—1998年先后建立长白山中蜂试验场、保种场，利用天然隔离优势建立了长白山中蜂核心保护区（图1-14）。

20世纪90年代，吉林省养蜂科学研究所应用人工授精技术和自然交尾方法，从长白山中蜂中选育出黄系和黑系。1997年11月1日吉林省技术监督局发布《中华蜜蜂》地方标准（DB 22/887—1997）。2004—2007年对长白山中蜂进行了基因组DNA多态性研究，发现长白山中蜂与其他中蜂之间存在着许多不同点。2008年农业部（现农业农村部）第1058号公告，确定吉林省养蜂科学研究所为"国家级蜜蜂基因库"承建单位，长白山中蜂收入蜜蜂基因库中保存（图1-15）。长白山中蜂已于保种初期建立了品种登记档案，设立系谱图、种王卡片、种蜂繁育记录等。

2011年农业部（现农业农村部）第1587号公告，确定吉林省蜜蜂育种场（现更名为吉林省蜜蜂遗传资源基因保护中心）为"国家级中蜂（长白山中蜂）保护区"的承建单位（图1-16）。

2017年吉林省养蜂科学研究所结合国家级中蜂（长白山中蜂）保护区建设工作，在长白、抚松、桦甸、安图、敦化、汪清、磐石等县市，扶持建立了11个长白山中蜂繁育场，使长白山中蜂得到进一步保护和繁育（图1-17、图1-18）。

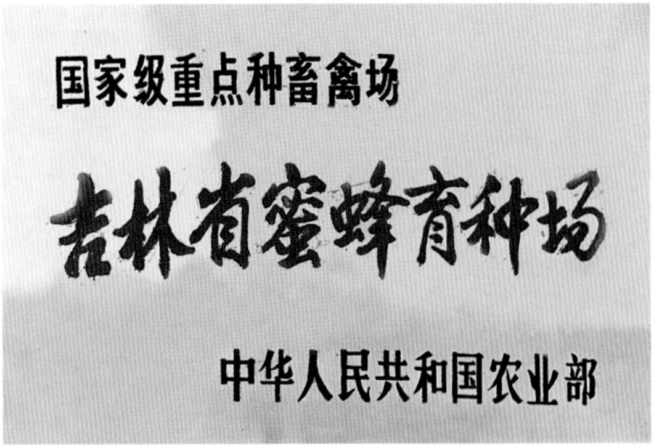

国家级重点种畜禽场

吉林省蜜蜂育种场

中华人民共和国农业部

图1-14 国家级重点种蜂场
（薛运波 摄）

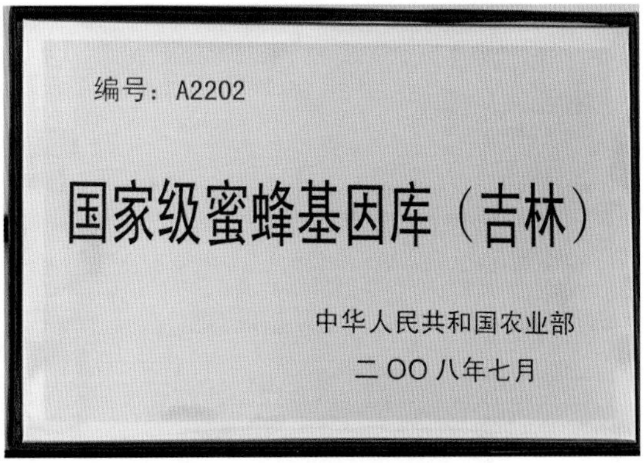

编号：A2202

国家级蜜蜂基因库（吉林）

中华人民共和国农业部
二〇〇八年七月

图1-15 国家级蜜蜂基因库
（薛运波 摄）

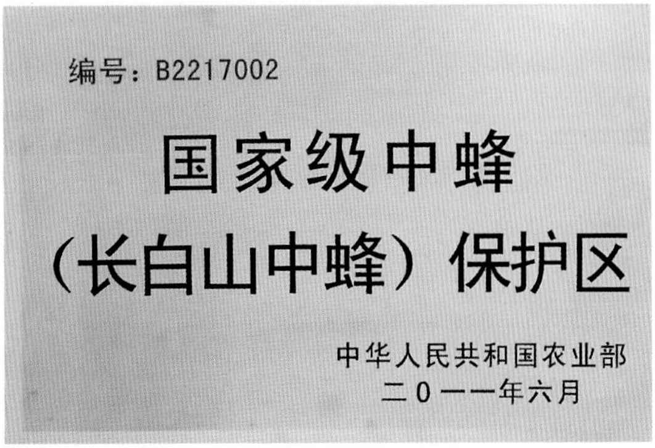

编号：B2217002

国家级中蜂
（长白山中蜂）保护区

中华人民共和国农业部
二〇一一年六月

图1-16 国家级中蜂保护区
（薛运波 摄）

图1-17　国家级中蜂保护区安图松江镇小区
（薛运波　摄）

图1-18　在敦化的繁育基地
（薛运波　摄）

三、生存现状

20世纪初，长白山中蜂饲养量较多，其后随着生态资源的变化，数量逐年减少。长白山区和小兴安岭地区传统饲养的长白山中蜂1983年有4万多群，2001年降为1.98万群，2008年约有1.9万群。长白山中蜂数量一直在减少，现仅分布于长白山区20个县、市，且蜂群密度下降，有的县仅有几百桶，是中蜂数量最少的生态型。

（一）形态特征

长白山中蜂的蜂王个体较大，腹部较长，尾部稍尖，腹节背板呈黑色，有的蜂王腹节背板上有棕红色或深棕色环带（图1-19）。雄蜂个体小，呈黑色，毛呈深褐色至黑色；工蜂个体小，体色分两种，一种为黑灰色，一种为黄灰色（图1-20、图1-21），各腹节背板前缘均有明显或不明显的黄环，肘脉指数较高，工蜂的前翅外横脉中段有一分叉突出（又称小突起），这是长白山中蜂的一大特征。

图1-19 体色偏黑个体较大蜂王
（薛运波 摄）

图1-20 体色偏黄色的蜜蜂
（薛运波 摄）

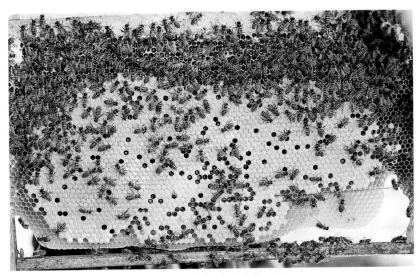

图1-21　体色偏黄的中蜂子脾

（薛运波　摄）

（二）消长规律

长白山中蜂育虫节律陡，受气候、蜜源条件的影响较大，蜂王有效日产卵量可达1 000 ~ 1 500粒。抗寒，在-20 ~ -40℃的低温环境不包装或简单包装便能在室外安全越冬（图1-22）。春季繁殖较快，于5 ~ 6月达到高峰，开始自然分蜂。一个蜂群每年可繁殖4 ~ 8个新分群；活框箱饲养的长白山中蜂，一般每年可分出1 ~ 3个新分群。早春最小群势1 ~ 3框蜂，生产期最大群势12框蜂以上，维持子脾5 ~ 8张，子脾密实度90%以上（图1-23）；越冬群势下降率8% ~ 15%。

图1-22　耐寒、耐大群的蜜蜂

（薛运波　摄）

图1-23　高密实度子脾

（薛运波　摄）

（三）生产性能

1. 蜂产品产量　长白山中蜂主要生产蜂蜜。传统方式饲养的蜂群一年取蜜一次，年均群产蜜10～20kg；活框饲养的年均群产蜜20～40kg，产蜂蜡0.5～1kg。越冬期为4～6个月，年需越冬饲料5～8kg。

2. 蜂产品质量　传统方式饲养的长白山中蜂生产的蜂蜜为封盖成熟蜜，一年取蜜一次，水分含量18%以下，蔗糖含量4%以下，淀粉酶值8.3以上，保持着原生态风味。

四、饲养效益

（一）经济效益

饲养长白山中蜂具有投资少、产值高、支出少、纯利润高的特点（图1-24）。饲养长白山中蜂可以获得蜂蜜、蜂花粉、蜂蜡等诸多产品，繁殖蜂群出售等可以获得较好的经济效益。蜂产品系医疗食疗保健品，较为畅销，有些蜂产品是国内外紧俏商品，从我国现实养蜂生产水平来分析，一个养蜂人可养长白山中蜂80～100群，每群蜂生产蜂产品产值500～1 000元，年产值4万～10万元，经过加工和经营环节，每群蜂产值1 000～2 000元，年产值可达8万～20万元。

图1-24 长白山中蜂蜂场
(薛运波 摄)

(二) 社会效益

蜂产品含有丰富的营养和生物活性物质，即是天然的保健滋补品，又是医药、食品原料，具有广泛的医疗和食疗作用，可以预防治疗多种疾病 (图1-25)。蜂毒等产品，还具有抗肿瘤作用。同时蜂产品是农副产品中的传统出口商品。发展养蜂产业，可以提高城乡养蜂生产和蜂产品加工经营效益，增加收入，安置待业人员，促进城乡社会经济可持续发展，对活跃市场、增收创汇，提高产区群众的收入具有重要作用。

图1-25 蜂产品
(薛运波 摄)

(三) 生态效益

发展养蜂生产，利用自然空间，以植物花朵为资源，不仅不破坏生态资源，不占用耕地，没有三废，不污染环境，而且蜜蜂还能为农作物和各种植物传花授粉，可以大大提高农作物和植物种子产量，提高种子的结实率和发芽率，促进植物繁茂，改善生产和生态环境。国内外研究证明，利用蜜蜂为农作物、经济植物、牧草、药材等授粉，可以在同等品种、水、肥管理条件下获得更高的增产效益（图1-26、图1-27）。异花授粉植物经蜜蜂授粉可达到结实增产的目的；自花授粉植物经蜜蜂异花授粉表现杂种高产优势，其增产幅度可达20%～70%。养蜂是农业、畜牧、林业的重要组成部分，实践证明，哪里有蜜蜂，哪里植物生长繁茂。小蜜蜂是生态环境的建设者，为人类创造了宝贵的生态效益。

图1-26 蜜蜂为油菜授粉

（薛运波 摄）

图1-27 蜜蜂为牧草授粉

（薛春萌 摄）

第二章 长白山中蜂生物学知识

第一节 蜜蜂个体生物学

一、蜜蜂的生活和职能

蜜蜂在长期进化过程中，形成了营群体生活的生物学特性。单一个体蜜蜂离开群体不能生存。一个蜂群通常由1只蜂王、数千或数万只工蜂和上千只季节性雄蜂组成。

（一）蜂王

蜂王是蜂群中唯一生殖器官发育完全的雌性蜂，身体比工蜂长1/4～1/3（图2-1）。蜂王的职能是产卵，一只优良的蜂王在产卵盛期，一昼夜能产1 000～1 500粒卵。蜂王产的卵有两种：一种是产于工蜂房和王台基内，发育成工蜂和蜂王的受精卵；一种是产于雄蜂房内，发育成雄蜂的未受精卵。蜂王产卵量多少对蜂群的群势有直接影响。

新蜂王一般出房后3天试飞认巢，4～6天性成熟后多次出巢飞行交配，在最后一次交配后2～3天开始产卵。从此，除自然分蜂或群体迁移外，蜂王不再离开蜂巢（图2-2、图2-3）。正常情况下，一个蜂群中只有1只蜂王。在整个发育期和繁殖期，蜂王以工蜂分泌的蜂王浆为饲料，并由工蜂饲喂，其寿命比工蜂和雄蜂长很多。

图2-1 蜂 王
（薛运波 摄）

图2-2 蜂王在巢脾上
（薛运波 摄）

图2-3 枣红色蜂王
（薛运波 摄）

（二）工蜂

工蜂是生殖器官发育不完全的雌性蜂（图 2-4），正常情况下不能产卵，当蜂群失王时间过长，其卵巢也能发育，产未受精卵。工蜂担负着群体内外的各种工作。一般出房3天内从事清扫巢房和保温孵化工作；4天后进行蜂粮调制和饲喂大幼虫；5～10天分泌王浆，饲喂蜂王和小幼虫；11～18天认巢飞翔，泌蜡筑巢，酿造加工等；13～20天后从事采蜜、采粉、采水等和守卫蜂巢的工作。工蜂的分工不是固定不变的，可以根据需

图2-4 工 蜂
（薛运波 摄）

要而改变。蜂群的采集力取决于工蜂的数量和质量（图2-5、图2-6）。由于工蜂长时间从事采集和哺育幼虫等工作，大多数寿命在40天以下，很少超过2个月。秋后培育的越冬蜂，由于没有参与采集和哺育幼虫的工作，一般能活3～5个月，越冬的工蜂最多能活6～7个月。

图2-5　受到惊动的工蜂
（薛运波　摄）

图2-6　浅黄色工蜂
（薛运波　摄）

（三）雄蜂

雄蜂是由未受精卵发育而成的雄性个体，身体粗壮，没有螫针（图2-7）。雄蜂不会采集，无群界，唯一的职能是性成熟后飞出巢外与蜂王交配（图2-8）。雄蜂出房6天后才能飞翔，11天性成熟，11～20天之间是交配最佳期（图2-9）。雄蜂与蜂王交配后即死亡。蜂群根据需要决定雄蜂的生存。在自然分蜂季节，蜂群大量培育雄蜂（图2-10）；在早春和秋季，蜂群很少培育雄蜂；在秋冬季节的非繁殖期，蜂群就把雄蜂驱逐出蜂巢。雄蜂为季节性蜂。

图2-7 雄 蜂
（薛运波 摄）

图2-8 巢脾上的雄蜂
（薛运波 摄）

图2-9 准备婚飞的雄蜂
（薛运波 摄）

图2-10　白复眼雄蜂

（薛运波　摄）

二、蜜蜂个体发育

图2-11　三型蜂

（薛运波　摄）

蜜蜂是全变态昆虫。蜂王、工蜂、雄蜂的个体发育都要经过卵期、幼虫期、蛹期和成蜂4个阶段，4个发育阶段其形态完全不相同。

（一）三型蜂的发育期

蜜蜂个体发育的每一个阶段，都要具备一定的条件，如适宜的温度、湿度，适合个体发育的巢房、充足的饲料等。中华蜜蜂各型蜂的发育期如下（图2-11、图2-12）。

1. 蜂王　卵期3天，幼虫期5天，蛹期7天。从卵到成蜂发育期为15天。

2. 工蜂　卵期3天，幼虫期5.5天，蛹期11.5天。从卵到成蜂发育期为20天。

3. 雄蜂　卵期3天，幼虫期

6天，蛹期14天。从卵到成蜂发育期为23天。

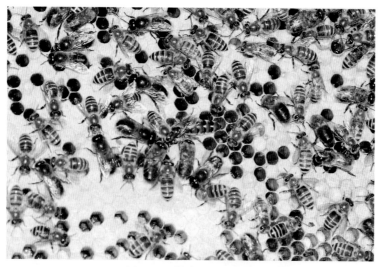

图2-12 巢脾上的三型蜂

（薛运波 摄）

（二）蜜蜂发育的4个阶段

1. 卵期 蜜蜂的卵呈香蕉形，乳白色，卵膜略透明，长1.3～1.7mm（图2-13）。卵第1天直立在巢房底部，第2天倾斜，第3天伏卧，哺育蜂在卵周围开始分泌王浆。

图2-13 蜜蜂巢房底部的卵

（李志勇 摄）

2.幼虫期 蜜蜂幼虫初期呈半月形、蠕虫状、白色、无足，平卧在巢房底。随着虫体逐渐长大，虫体伸直，头朝向巢房口。三型蜂的幼虫期前3天全部吃白色的王浆。蜂王幼虫在整个幼虫期一直食用王浆，工蜂和雄蜂幼虫3天后改食花粉和蜂蜜混合饲料。蜜蜂幼虫期由工蜂饲喂，长成后巢房封盖，进入蛹期（图2-14）。

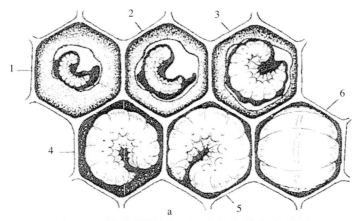

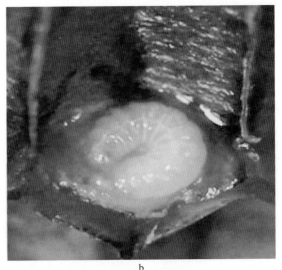

图2-14 蜜蜂幼虫

(引自 Dade,2009)

a.蜜蜂幼虫的五次蜕皮

1.第一次蜕皮 2.第二次蜕皮 3.第三次蜕皮

4.第四次蜕皮 5.第五次蜕皮 6.第五次蜕皮末

b.浸浴在王浆里的幼虫

3. **蛹期** 蜜蜂蛹的翅足分离,称为裸蛹。蛹初期呈白色,逐渐变成淡黄至黄褐色。蛹期表面看来不食不动,内部却发生本质性变化,形成了成年蜂的内外部各种器官。发育后期的蛹,分泌脱皮激素,脱下蛹壳,咬破巢房封盖,羽化成蜂(图2-15)。

图2-15 封盖蛹期的工蜂

(李志勇 摄)

4. **成蜂** 新羽化出房的幼蜂体表绒毛柔软,外骨骼较软,内部器官还需要进一步成熟发育(图2-16)。

图2-16 羽化出房的幼蜂开始取食蜂蜜

(李志勇 摄)

三、蜜蜂的外部形态

蜜蜂的身体分为头部、胸部、腹部3个体段,各节有膜相连接。外壳由几

丁质组成，也就是身体的外骨骼。外骨骼上生长着密实的绒毛，整个内脏器官都包藏在骨骼之中（图2-17）。

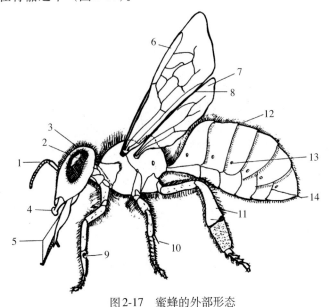

图2-17　蜜蜂的外部形态

（引自Morse，1999）

1.触角　2.复眼　3.单眼　4.上颚　5.中唇舌　6.前翅　7.后翅
8.翅钩　9.净角器　10.胫距　11.花粉筐　12.体毛　13.气孔　14.螫针

（一）头部

蜜蜂头部是感觉和取食的中心，生有3只单眼、2只复眼、1对触角和口器。工蜂头部呈三角形，蜂王呈心脏形，雄蜂呈近圆形（图2-18）。蜜蜂复眼起观看物像的作用，单眼起感光作用。口器为既能吸吮液体又能咀嚼固体的嚼吸式口器。

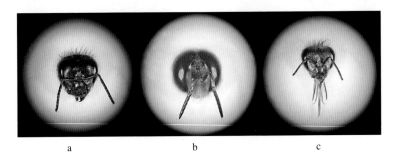

图2-18　蜜蜂的头部

（李志勇　摄）

a.蜂王　b.雄蜂　c.工蜂（示发达口器）

（二）胸部

蜜蜂的胸部由前胸、中胸、后胸和并胸腹节组成，生有3对足和2对翅，是运动的中心（图2-19）。蜜蜂的前足可以清理触角和收集头部的花粉。中足可以收集胸部的花粉，可以将后足携带的花粉团铲落在巢房内。后足生有一个"花粉篮"，可以把采集的花粉携带回巢；后足还有"刺"，能将腹部蜡腺分泌的蜡鳞取下来，用于修筑巢房（图2-20）。蜜蜂翅除用于飞翔外，还有扇风、调节巢内温湿度，振翅发声、传递信号等作用（图2-21）。

图2-19 蜜蜂胸部
（李志勇 摄）

花粉筐

刚毛
花粉耙
耳状突

基跗节
（内侧附成排花粉栉）

图2-20 工蜂后足
（李志勇 摄）

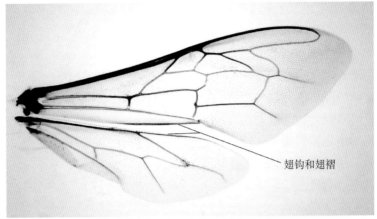

图2-21　工蜂翅钩和翅褶
（李志勇　摄）

（三）腹部

蜜蜂腹部由一组环节组成，各节之间由节间膜连接，每节由背板和腹板构成。腹腔内充满血液，容纳着消化、呼吸、循环和生殖等器官，是消化和生殖的中心（图2-22）。雄蜂腹部有7个环节，工蜂和蜂王腹部有6个环节，末端有螫针，螫针是蜜蜂用于防卫、保护家园的武器（图2-23）。

图2-22　工蜂腹部发达的呼吸系统
和消化系统
（李志勇　摄）

图2-23　工蜂的螫针、附属物和发达的毒囊
（李志勇　摄）

四、蜜蜂的内部器官

（一）呼吸器官

蜜蜂的呼吸器官比较发达，包括气门、气管主干、气囊、支气管和微气

管。气门是气管通往身体两侧的开口，胸部有3对，腹部有7对。气管很细，与气门相连接，气管直接分布在身体各个组织中，分为支气管、微气管，输送氧气、带走二氧化碳和水。气囊由气管膨大形成，作用是增强管内的气体流通，有利于增加蜜蜂的飞行浮力。蜜蜂的呼吸运动每分钟40～150次。在剧烈活动或高温条件下，呼吸速度加快；静止低温时，呼吸速度减慢。

（二）**消化和排泄器官**

蜜蜂的消化器官是消化道，排泄器官是马氏管、脂肪体和后肠，有摄食、消化、吸收和排泄4种作用（图2-24）。

图2-24　蜜蜂消化和排泄器官
（胥保华 摄）

1. **消化道**　由前肠、中肠和后肠3部分构成。前肠由咽喉、食管、蜜囊三者连接而成。咽喉有吸吮和吐出花蜜的功能；食管为连接咽喉和蜜囊的细长管；蜜囊是临时贮存花蜜的仓库，最多可装60mg花蜜。中肠是消化食物和吸收养分的主要器官，所以又称为胃。后肠由小肠和大肠组成。小肠弯曲而细小，没有被中肠消化完的食物，进入小肠继续消化吸收，废渣进入大肠排出体外。

2. **马氏管和脂肪体**　马氏管分布于中肠和小肠的连接处，有80～100条，它们浸在血液中，分离出尿酸和盐类，送入大肠排出体外。蜜蜂的脂肪体发达，能积存部分尿酸等废物；当蜜蜂体内营养不足时，脂肪体可以提供大量易于消化吸收的营养贮备。

（三）**血液循环器官**

蜜蜂和其他昆虫一样，体腔内充满了流动的血液。蜜蜂的血液没有颜色，由白细胞、红细胞、变形细胞和带酸性的血浆组成。蜜蜂的血液在整个体腔内的循环是开放式的，通过血液循环，将养料输送到体内各组织中，又将废物输送到排泄器官排出体外。血液循环的主要器官是纵贯全身的简单粗血管，称为背血管，分为前端的动脉和后端的心脏两部分。动脉能引导血液向前流动，心脏则是血液循环的搏动机构。心脏有5个心室，每个心室都有1对心

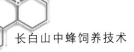

门。蜜蜂心脏搏动频率，静止时每分钟60～70次，活动时每分钟100次，飞翔时每分钟120～150次。

（四）神经器官

蜜蜂的行为极其复杂，说明蜜蜂的神经系统及其感觉器官非常发达。蜜蜂的神经系统由中枢神经、交感神经和周缘神经组成。

1.中枢神经　中枢神经由位于头部的脑和纵贯全身的腹神经索组成，是支配全身各感觉器官和运动器官的中枢。

2.交感神经　交感神经位于前肠侧面和背面，由许多小型神经节以及这些神经节发出的神经构成。神经分布于前肠、中肠、气管和心脏等处，是调节消化、循环、呼吸活动的中心。

3.周缘神经　周缘神经由感觉器官的细胞体和通入中枢神经的传入神经纤维，以及中枢神经通到反应器官的传出神经纤维构成。周缘神经分布面广，遍及蜂体周缘。

（五）生殖器官

1.雄性生殖器官　主要由1对睾丸、2条细小输精管、1对贮精囊、2个黏液腺、1条射精管和1个能外翻的阴茎组成（图2-25、图2-26）。睾丸是产生精子的器官，成熟的精子经输精管进入贮精囊内，黏液腺能够分泌滋润精子和参与精液组成的黏液。射精管直通阳茎，当与蜂王交配时，阳茎外翻伸入蜂王阴道，精子便从贮精囊中通过射精管射入蜂王阴道。交配后，阳茎和生殖器官的其他部分便脱落在蜂王的尾端，由工蜂帮助清除掉。

2.蜂王生殖器官　由1对巨大的梨形卵巢、2条侧输卵管、1条短的中输卵管、1个贮精球和1条短的阴道组成（图2-27）。卵巢占据腹部大部分位置，由数百

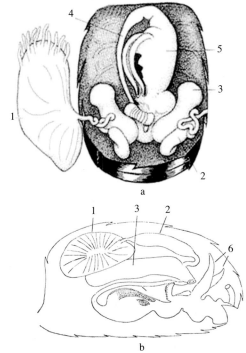

图2-25　雄蜂生殖系统
（引自 Ruttner，1976和Dade，2009）
a.背面观　b.侧面观
1.精巢　2.贮精囊　3.黏液腺
4.射精管　5.球茎体　6.角囊

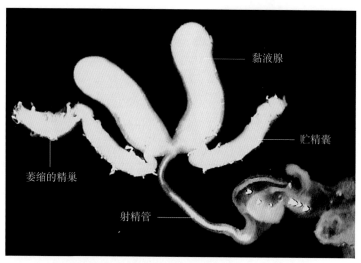

图2-26 羽化后12日性成熟期雄蜂生殖系统

(0.7×，李志勇 摄)

条卵巢管组成，是产生卵子的器官。侧输卵管前端与卵巢基部相接，后端合为中输卵管。中输卵管末端扩大为阴道，是卵子的通道。贮精球是接受和贮存精子的特殊器官，它有一短小管与阴道相通，根据产卵需要，小管的开口由肌肉收缩控制精子的排放。

3. 工蜂生殖器官 工蜂生殖器官与蜂王相似，但卵巢发育不完全，仅有几条卵巢管，其他附属器官均已退化（图2-28）。但在蜂群失王较久的情况下，少数工蜂卵巢发育，开始产未受精卵，发育成雄蜂。

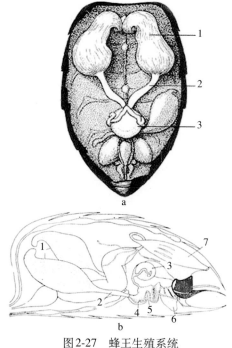

图2-27 蜂王生殖系统

（引自 Ruttner，1976和Dade，2009）

a.处女蜂王背面观 b.处女蜂王侧面观

1.卵巢 2.侧输卵管 3.受精囊 4.中输卵管

5.瓣突 6.侧囊 7.直肠

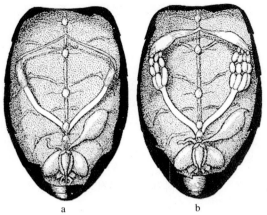

图2-28　工蜂生殖系统

（引自Dade,2009）

a.正常工蜂（卵巢退化）　b.产卵工蜂（卵巢发育）

（六）蜜蜂的主要腺体

1.上颚腺　位于上颚基部，开口于上颚内侧，由1对囊状腺体组成。工蜂的上颚腺，能分泌参与王浆组成的生物激素以及能软化蜂蜡蜂胶的液体。蜂王和雄蜂的上颚腺，都能分泌信息素，互相引诱前来交配。

2.咽下腺　位于工蜂的头部，由两串非常发达的葡萄状腺体所组成，能分泌王浆，用以饲喂蜂王、蜂王幼虫以及雄蜂和工蜂的幼龄幼虫。

3.涎腺　涎腺有头涎腺和胸涎腺各1对。涎腺能分泌转化酶，混入花蜜中，促使蔗糖转化为葡萄糖和果糖。

4.蜡腺　工蜂蜡腺有4对，位于腹部最后4节的腹板上，专门分泌蜂蜡，用以筑造巢房（图2-29）。

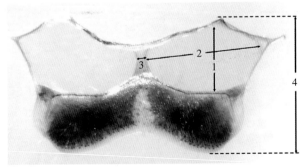

图2-29　蜜蜂蜡腺

（李志勇／王志／常志光　摄）

1.蜡镜长　2.蜡镜斜长　3.蜡镜间距　4.腹板长

5.大肠腺　大肠腺有6条，分布在大肠的基部。其分泌物能够防止大肠内的粪便发酵、腐败，对蜜蜂长时间困守巢内越冬不出巢排泄意义重大。

6.毒腺　位于腹腔内，能够分泌毒液，通过螫针注入敌体。

第二节　蜜蜂群体生物学

一、蜂群的生活条件

（一）蜂巢

蜂巢是蜜蜂居住、贮存饲料和繁殖后代、延续种族的地方。野生蜜蜂将蜂巢筑造在岩洞、树窟之中，人工饲养的蜂群蜂巢建立在蜂箱内。蜂巢内垂直排放着巢脾，脾间保持着一定距离（图2-30、图2-31）。蜜蜂在巢脾上贮存和加工酿制蜜粉饲料，培育后代，栖息结团。蜂巢大小随着群势和季节而变化。春季弱群蜂巢1个箱体，1～3张巢脾；流蜜期强群的大蜂巢2个箱体，20张巢脾。1张标准巢脾两面共有六角形巢房9 000个左右。巢脾上除了工蜂房以外，还有较大的雄蜂房和不规则的过渡巢房及王台基。

图2-30　木桶蜂巢
（薛运波　摄）

图2-31　活框蜂巢
（薛运波　摄）

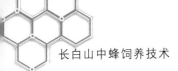

蜂巢在不同时期有不同的稳定温度。没有蜂儿时温度在14～32℃，有卵虫和蛹时温度稳定在34～35℃。蜂巢温度依靠群体的活动来调节。春秋两季，为保证蜂儿的正常发育和减少工蜂调节巢温的能量消耗，应根据蜂群群势强弱注意保温；在炎热的夏季应注意散热降温。蜂巢内适合蜂儿发育的相对湿度是45%～55%，流蜜期巢内湿度一般在65%以下，越冬期适合蜂团的湿度是75%～85%。

（二）食物

蜜蜂的食物主要是通过采集活动获得的花蜜和花粉，还有水分和盐类。蜜蜂在巢内要大量贮存花蜜和花粉，用以维持群体生活的需要。蜜蜂把花蜜贮存在蜂巢外侧的巢脾上和子脾的上部，花粉贮存在子圈外缘。整个蜂巢自然形成了花蜜、花粉对子圈的覆盖层，既便于蜜蜂取食饲喂幼虫，又利于蜂巢的保温（图2-32、图2-33）。

图2-32　蜂蜜食物
（薛运波　摄）

图2-33　蜂蜜花粉食物
（薛运波　摄）

蜜蜂所需要的营养物质都能从花蜜和花粉中获得，只有无机盐是工蜂从具有盐碱成分的水边、草木灰或便池上采集来的。为了适当给蜂群补充无机盐，可以结合喂水在水中加入适量的不含碘的食盐，让蜜蜂自由摄取。

（三）气候

温度对蜜蜂生活影响最大。蜜蜂是变温动物，单个蜜蜂在静止状态下具有和周围环境相近的温度。长白山中蜂在温度低于7℃便不能飞行，低于6℃会被冻僵。温度高于38℃幼虫开始死亡，高于40℃幼虫全部死亡。气温高于40℃，蜜蜂停止采集工作，有的蜜蜂只采集水来降温。

湿度对蜜蜂也有影响。湿度过低给幼虫体表和王浆保持湿润增加困难，会使群体水分蒸发加快，导致蜜蜂口渴，使蜂蜜失水结晶。湿度过高，不利酿蜜，容易引发疾病。

风对蜜蜂的飞行影响较大，风速每小时17.6km，采集减少；每小时33.6km，采集停止。如果连日阴雨或突发暴风雨，会使蜜源中断和大量采集蜂死亡，给蜂群造成损失。

（四）蜜粉源

蜜粉源是蜜蜂种族繁衍的物质基础，蜜蜂的食物虽然可以通过饲喂代用品来解决，但远远达不到自然蜜粉源对蜂群繁殖和生存的作用。蜜蜂从自然蜜粉源中采集的花蜜、花粉，不仅是最适合蜜蜂发育和生存的全价营养饲料，而且保持特有的天然质量和活性程度，任何代用品也代替不了。蜂群的生存离不开蜜粉源植物，没有蜜粉源植物，蜂群就失去了重要的生活条件，就不能繁殖。

二、蜜蜂的信息传递

蜜蜂为了生存，能够内外协调、有条不紊地进行群体所需的各种活动，主要有信息素和舞蹈语言两种信息传递形式，在蜂群中起着重要作用。

（一）蜜蜂的信息素

1. 蜂王物质　是指蜂王上颚腺所分泌的信息素。工蜂利用给蜂王清理体表和饲喂的机会得到蜂王物质，然后又通过工蜂之间的食物传递、饲喂和相互接触，在蜂群内得以广泛传播（图2-34至图2-37）。蜂王物质对工蜂有高度的吸引力，能够抑制工蜂卵巢发育和阻止其营造王台培育新蜂王的行为，从而维持蜂群的稳定。蜂王物质在巢外对雄蜂具有强烈的引诱作用，还有促进工蜂聚集结团等作用。

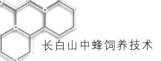

图2-34　工蜂清理蜂王身体
（薛运波 摄）

图2-35　蜂王物质传播
（薛运波 摄）

图2-36　工蜂间食物、信息传递
（薛运波 摄）

图2-37　工蜂与雄蜂食物传递
（薛运波 摄）

2.报警信息素　主要是工蜂螫针腔柯氏腺和上颚腺分泌的信息素。当蜂群有外来入侵者，工蜂用上颚撕咬或刺螫时，可将这种信息素标记在"敌体"上，引导更多的伙伴围攻入侵者。这是蜂群有效抵抗侵袭者危害，进行自我防卫的一种手段。

3.示踪信息素　是工蜂腹部第6腹节背板上的臭腺分泌的标志性芳香物质。示踪信息素借助工蜂的翅膀扇风而散发，能够招引在蜂巢远处的蜜蜂返巢，引导蜜蜂飞向蜜源；能够招引婚飞或离散的蜂王归巢，引导分群飞散的蜜蜂找到蜂王，使无蜂王的蜂团散开向有蜂王的蜂团聚集。并与蜂王物质一起，对分蜂团起稳定作用。

4.雄蜂信息素　由雄蜂上颚腺分泌的性信息素。雄蜂性成熟婚飞时，在空中释放信息素，引诱新蜂王前来与之交配。

（二）蜜蜂的舞蹈语言

蜜蜂的舞蹈是指工蜂在巢脾上有规律的运动，是工蜂个体之间传递信息的又一种方式。工蜂以这种特殊语言表达方式，叙述所发现蜜粉源的量、质、距离以及方位。蜜蜂的舞蹈种类很多，现仅叙述与蜜源有关的圆舞和摆尾舞。

1. 圆舞 侦察蜂在同一位置转圈，一会向左转，一会向右转，并且十分起劲地重复多次。约半分钟后，又转移到另一位置重复这个动作。蜜蜂跳圆舞只表示离蜂巢100m以内发现了蜜源，但不指示蜜源所处的方位（图2-38）。

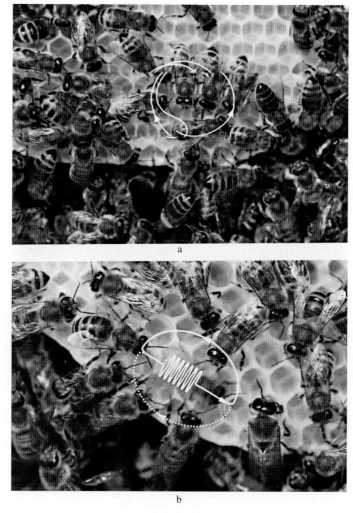

图2-38 蜜蜂发达的通信系统

（引自苏松坤，2008）

a.圆圈舞 b.8字舞

2.摆尾舞　侦察蜂一边摇摆着腹部，一边绕着圈子，先是向一侧转半个圆圈，然后反方向在另一侧再转半个圆圈，回到起始点，如此重复同样的动作。蜜蜂跳摆尾舞表示离蜂巢100m以外的地方发现了蜜源，而且指示蜜源的方向。

蜜源的方向是以太阳为准，即在垂直的巢脾上，重力线表示太阳与蜂巢间的相对方向，舞圈中轴直线和重力线所形成的交角，就表示以太阳为准所发现的蜜源相应方向。如舞蹈蜂头朝上，舞圈中轴处在重力线上，表示蜜源朝着太阳方向。即使在阴天，蜜蜂也能透过云层感觉到太阳。

三、蜜蜂飞行采集

（一）蜜蜂的飞行

蜜蜂的采集飞行是强度较大的劳动（图2-39），采集飞行1km需要消耗2～4mg蜜来补充能量，比无负荷飞行时多消耗3～8倍。一般蜜蜂载重飞行时速为20～25km，最高时速能达到40km。在风速每小时20km以上时，蜜蜂就不能连续持久飞行。

图2-39　飞行采集
（西蜂采集，薛运波　摄）

（二）花蜜的采集与酿制

采集蜂发现流蜜的花朵时，围绕花朵飞行几圈之后，便落到花上，将细长的吻插入花朵的蜜腺中，吸吮花蜜贮存于蜜囊中，然后再飞向另一朵花。1只采集蜂要装满一蜜囊花蜜，至少要采几百朵花，甚至上千朵花。在主要流蜜期，1天中多数蜂采集飞行10～20次。

花蜜被采集蜂吸进蜜囊以后，即混入含有转化酶的涎液，花蜜酿制就开始了。当采集蜂回巢后，即将花蜜吐出分给内勤蜂。内勤蜂接受花蜜后，爬到巢脾的适当地方，头部朝上，保持一定位置，开始用吻混入涎液反复开合，促进蔗糖转化。与此同时，蜜蜂加强扇风力度，蒸发水分，促使蜜汁浓缩。当蜂蜜快成熟时，内勤蜂便寻找巢房，将这些蜜汁贮存起来，并进一步酿制。如果进蜜快，而且花蜜稀薄，内勤蜂就不一定立刻进行酿制，而是将蜜汁分成小滴，分别挂在好几个巢房的房顶上或暂时存在卵房、小幼虫房内，以后再收集起来进行酿制。花蜜经内勤蜂不断加入转化酶转化，蒸发水分，渐渐成为成熟的蜂蜜。最后被集中于产卵圈上部或边脾的巢房内用蜡封盖。

蜜蜂除了采集花蜜外，也采集植物花外蜜腺分泌的蜜露和蚜虫、蚧壳虫等分泌的甘露。

（三）花粉的采集与贮存

蜜蜂采集花粉的动作非常敏捷，有时在花朵上，一边吸吮花蜜一边采集花粉，有时在花上专采花粉。

采集蜂飞进花朵中，借助口器、足及身上的绒毛黏附花粉，并不断用足清理、集中身上的花粉粒。把前足收集起来的花粉传送到中足，又从中足传送到后足，最后堆积成团，集中在后足的花粉篮中（图2-40）。为了利于飞行，2个花粉篮装载得均衡一致。这种收集花粉的动作常在采集蜂从一朵花飞向另一朵花的瞬间完成。工蜂收集较干的花粉时，要用花蜜湿润花粉粒，以便于集中成为花粉团。因此，在粉源不缺乏的情况下，蜜蜂不喜欢采某些干燥的风媒植物花粉。

采集蜂携带花粉归巢后，将后足上的2个花粉团一齐伸入巢房内，用中足把花粉团铲落在巢房内。接着内勤蜂便用上颚咬碎花粉团，掺入蜜和唾液，并用头部顶

图2-40 采集花粉
（薛运波 摄）

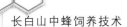

实，经过发酵后便成为蜂粮。待巢房中的蜂粮贮至七成左右，蜜蜂就在蜂粮上加一层蜂蜜，这样便可长期保存并随时供蜜蜂食用。

采粉工蜂每天采粉次数以及每次采集花粉团大小与粉源种类、开花吐粉时间的长短以及外界温度、湿度、风速等条件有关。1只采粉蜂一次能载花粉12～26mg，每天采集花粉10次左右。

（四）水分的采集

蜜蜂除了自身需要水分外，稀释成熟蜜、调制幼虫食料、降低巢温和增加蜂巢湿度都需要水分。特别是早春哺育蜂儿时期，如果蜂群缺水，蜜蜂不仅不能很好地育虫，而且寿命会大大缩短，甚至因渴而死。1只蜂一次约采水60mg，需要17 000～20 000次才能采集1kg水（图2-41、图2-42）。

图2-41 采集河沟水
（薛运波 摄）

图2-42 采集露水
（西蜂采集，薛运波 摄）

四、蜜蜂群势消长规律

一年之中随着气候的变化，蜂群群势有规律地消长，分为恢复期、增长期、保持期、衰退期和越冬期（图2-43）。

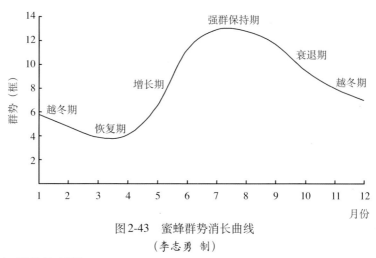

图2-43　蜜蜂群势消长曲线
（李志勇　制）

（一）群势恢复期

经过越冬期的蜂群，在早春排泄飞行之后，开始培育蜂儿，以春季第一批新蜂接替越冬老蜂，此期称为群势恢复期。如果蜂群春季排泄后蜂群较弱，群势在3框蜂以下，恢复期长达30天之久；如果蜂群春季排泄后蜂群群势在3框蜂以上，恢复期可在25天之内。恢复期是全年蜂群的最弱阶段。此期蜂群是在早春最低的群势基础上开始繁殖，越冬蜂的哺育力较低，平均1只工蜂能哺育1个左右幼虫，加上外界气候多变和蜜源稀少，蜂群繁殖速度较慢，群势增长不明显；但蜂群内部个体质量却发生了很大的变化，新蜂逐渐更换了越冬老蜂，哺育幼虫能力增强，蜂群的群势基本恢复（图2-44、图2-45）。

图2-44　恢复期蜂巢
（李杰銮 摄）

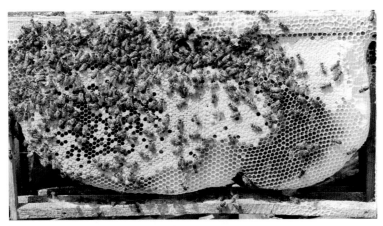

图2-45 恢复期子脾
（薛运波 摄）

（二）群势增长期

蜂群通过恢复期，越冬蜂更新之后，蜂群的个体逐渐增加，群势处于上升趋势。在整个增长期，全群为新蜂所接替，新蜂的哺育力明显增强，平均1只工蜂可以哺育4只左右幼虫。此期外界气候和蜜源条件逐渐有利于蜂群的繁殖，繁殖效率日益提高，蜜蜂个体不断增加，蜂群迅速壮大起来（图2-46、图2-47）。群势增长期所需要的时间，主要取决于蜂群在恢复期时的群势。如果当时的群势较强，发展速度就快，群势增长期就会短些；如果当时的群势较弱，繁殖缓慢，群势增长期就要长些。

图2-46 群势增长期子脾
（薛运波 摄）

图2-47　群势增长期蜂巢
（薛运波 摄）

（三）强群保持期

　　蜂群通过群势增长期的个体积累，群势迅速壮大，从而进入最强盛的强群保持期。此期的蜂群是全年最富有生产力和哺育力的强壮阶段，是群势增长的高峰期，也是蜂蜜和花粉等蜂产品的主要生产时期（图2-48、图2-49）。此期维持时间的长短，在很大程度上受蜂王、蜜粉源、饲养技术等条件的影响。

图2-48　强群时期蜂巢
（薛运波 摄）

图2-49　强群时期木桶蜂巢（薛运波 摄）

（四）群势衰退期

在长白山地区的秋季，气候向着不利于蜂群繁殖的低温季节变化，外界蜜源逐日稀少，对蜂群的繁殖产生了影响。蜂王产卵率下降直至停产，蜂群内工蜂死亡率高于出生率，群势处于下降趋势，直至越冬前的最低点，此期称群势衰退期（图2-50）。

图2-50　群势衰退期蜂巢
（薛运波 摄）

（五）越冬过渡期

蜂群经过群势衰退期，进入冬季，蜂群没有繁殖的自然条件，为了保存实力，蜜蜂在巢内结成蜂团进入越冬期，即群势的过渡期——群势消长的起点和终点（图2-51）。

图2-51　越冬过渡期蜂巢（薛运波 摄）

第三章 养蜂常识

第一节 养蜂场地

一、养蜂场地选择

蜂场环境与蜂群的生息有直接关系，选择蜂场场地首先要考虑必须有比较理想的蜜源，不但有主要蜜源生产商品蜜，而且还要有辅助蜜源提供蜂群繁殖的饲料，既要有蜜源又要有粉源，以保障蜂群能够正常繁殖。

定地饲养的蜂场，要考虑在主要蜜源流蜜前后都有辅助蜜源，为繁殖采蜜蜂和恢复群势提供有利条件；转地饲养的场地也应力求繁殖场地和采蜜场地相衔接，繁殖和采蜜相配合。放置蜂群的场地要求背风、向阳、日照时间长（图3-1），地面干燥不积水，附近应有清洁的水源，无自然敌害；场地不能靠近水库、湖泊、江河，以免采集蜂和婚飞交配的处女王落水损失；也不能靠近铁路、工厂、公共场所，防止人为和机械环境损害蜜蜂。

图3-1　背风向阳蜂场
（薛运波 摄）

放蜂场地与周围蜂场应当保持一定的距离，椴树蜜场地每距离2km左右可放80～120群；一般蜜源场地每距离2～3km放60～70群。放蜂场地还应该考虑交通的便利，要靠近能通车的公路，以适应转地运输的需要。

二、蜂群摆放

蜂箱要根据场地情况布置排列，最好单箱排列，箱间左右距离2m以上，前后距离应在4m以上。巢门方向根据场地的条件朝南、东、东南都可以，但尽可能避免向西和北方向。气温稳定后，蜂箱要用砖头、石块、木桩等垫起20cm高，以便防潮、通风和防止蚁类侵袭（图3-2、图3-3）。

图3-2 单箱摆放蜂场
（薛运波 摄）

图3-3 单桶摆放蜂场
（薛运波 摄）

第二节　养蜂工具

一、蜂箱、巢础和饲喂器

养蜂生产常用的工具有：蜂箱、巢础，还有一些饲养管理及蜂产品采收时使用的工具。

（一）蜂箱

蜂箱是人工活框饲养蜜蜂和科学管理蜂群的主要用具。蜂箱是蜂群生活和贮备食物的固定场所。因此，蜂箱制造必须适合蜜蜂的生活习性，而且要求规格一致、结构合理、坚固、轻便、经久耐用、造价低廉。

1.10框标准蜂箱　10框标准蜂箱又称郎氏箱，是世界上使用最广的一种蜂箱。由箱盖、副盖、继箱、巢箱、箱底、巢门挡、10个巢框以及隔板等部件组成（图3-4）。

图3-4　10框标准箱蜂场
（薛运波　摄）

（1）**箱盖**　又称大盖或雨盖，通常采用15～20mm厚的木板，制一个高60mm的框架，框架内围的长和宽比箱身外围的长和宽各大10～12mm。框架上面钉一层12～15mm厚的木板，外加防雨材料即成。

（2）**副盖**　又称内盖或子盖，是用10mm厚的木板拼制成的，长和宽与箱身的外围尺寸一致。

（3）继箱 尺寸与巢箱一致，但生产成熟分离蜜、巢蜜的浅继箱，其高度只有122mm。

（4）巢箱 内围长465mm、宽380mm、高245mm，板厚22mm。箱前后壁内侧顶部各开一道放巢框用的框槽。前后箱壁外侧凿一凹槽，作为搬动抠手。

（5）箱底 箱底是活动的，由厚22mm、高54mm的木方制成的长590mm，宽与巢箱外围尺寸相同的"n"形外框，框内开槽，槽中嵌上木板做底，正面高22mm、反面高10mm。

（6）巢门挡板 用一块长400mm、宽高各为22mm的木方，放在箱底侧壁的槽内。在其下边中央开出高10mm、宽100mm左右的巢门，巢门中设活动木条以调节大小开合限度。

（7）巢框 由上梁、下梁和2个侧条构成。巢框外围宽445mm、高235mm，上梁485mm×27mm×22mm、下梁425mm×15mm×10mm，侧条226mm×27mm×10mm，两框耳的厚度为10mm。

（8）隔板 是一块长宽和形状与巢框相同的薄板，厚10mm，用以隔离蜂巢空位，达到保温和避免筑造赘脾的目的。

2.高窄式蜂箱

（1）大盖 内径长415mm，宽285mm，高45mm。

（2）箱体 内径长360mm，宽230mm，高400mm。

（3）箱底 是活动的，由厚22mm、高54mm的木方制成的长440mm，宽与巢箱外围尺寸相同的"n"形外框，框内开槽，槽中嵌上木板做底，正面高22mm、反面高10mm（图3-5、图3-6）。

图3-5 高窄式蜂箱
（薛运波 摄）

图3-6 高窄式巢脾

（薛运波 摄）

3.聚苯乙烯（泡沫）中蜂箱

（1）大盖内径　长450mm，宽325mm，高30mm。

（2）箱体内径　长380mm，宽260mm，高335mm。

（3）抽拉门内径　长390mm，宽20mm，高12mm。

（4）箱体巢门开口　长390mm，高20mm。箱体厚30mm（图3-7、图3-8）。

图3-7　泡沫蜂箱及巢框　　　　图3-8　圆筒蜂箱及巢框

（李杰鎏 摄）　　　　　　　　（薛运波 摄）

4.传统木桶和木箱　木桶壁厚30～50mm、高800～1 000mm、内直径300～400mm。在木桶底部开一小孔为巢门，上部用坡形木盖或苦草加黄泥封固，底部坐在木墩上（图3-9至图3-17）。

图3-9　传统木桶

（薛运波 摄）

图3-10　传统木桶蜂巢

（薛运波 摄）

图3-11　木桶活框饲养

（薛运波 摄）

图3-12　木桶活框饲养巢脾

（常志光 摄）

图3-13　卧式饲养木桶
（薛运波 摄）

图3-14　卧式木桶蜂巢
（薛运波 摄）

图3-15　传统木箱饲养
（薛运波 摄）

图3-16　传统木箱蜂巢
（薛运波 摄）

图3-17　卧式木箱蜂巢
（薛运波 摄）

　　(二) 巢础

　　巢础是供蜜蜂筑造巢脾的基础，是利用蜂蜡片，经巢础机压印成两面初具凹凸正六角形巢房底和房基的薄片。养蜂生产上要求巢房的六角形准确，规格大小整齐一致，色泽鲜艳，房底透明度均匀，韧性大，放入蜂巢中不至于延伸、弯曲变形 (图3-18)。巢础上房基的大小，都是模仿自然巢脾工蜂房规格而设计的，因此中蜂巢础房基比西方蜜蜂小些，每平方分米两面约有房基1 243个。巢础如果按规格划分，有普通巢础和深房巢础，以深房巢础为多。普通巢础房底稍厚、房基稍低，蜜蜂筑脾比较费时，有时还会改造成雄蜂房；深房巢础房底厚、房基高，工蜂筑造巢脾较快，改造雄蜂房的机会较少。另外，现在还生产专供蜜蜂筑造雄蜂房的雄蜂巢础，用于雄蜂蛹的生产或培育雄蜂。

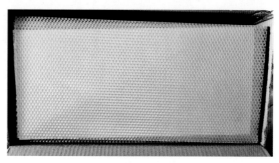

图3-18　巢础片
(薛运波 摄)

　　(三) 饲喂器

　　饲喂器是用来盛装蜜汁、糖浆或水供蜜蜂取食的工具。饲喂器的品种、样式、规格有多种，常用的有巢门饲喂器和框式饲喂器 (图3-19)。巢门饲喂器用玻璃瓶盛饲料，从巢门饲喂；框式饲喂器系用薄木板制成的扁形长盒，其大小似标准巢框。目前广泛使用的巢门饲喂器和框式饲喂器，都是采用无毒塑料注塑成型的产品。

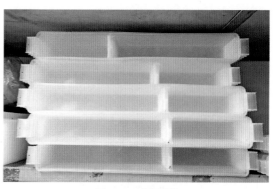

图3-19　饲喂器
(薛运波 摄)

二、蜂群检查用具

　　1.面网　防蜇用具，通常采用黑色纱网、白纱布或白色纱网制作。目前使用的为带帽和不带帽两种，前者可直接使用，后者需套在草帽或塑料盔帽上使用 (图3-20)。

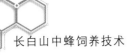

2.起刮刀 由铁或钢锻打而成，一端是弯刃，一端是平刃（图3-21）。主要用以撬动副盖、继箱、隔王板，清理箱底污物等。

图3-20 面 网　　　　　　图3-21 起刮刀、割蜜刀等
（薛运波 摄）　　　　　　　（薛运波 摄）

3.蜂刷 用白色马鬃或马尾制成的长扁形毛刷，是清扫脾面、育王框等上面附着蜜蜂的工具（图3-22）。

4.喷烟器 镇压或驱逐蜜蜂用的熏烟工具，由燃烧发烟筒和弹簧风箱组成（图3-23）。

图3-22 蜂 刷　　　　　　图3-23 喷烟器
（薛运波 摄）　　　　　　（薛运波 摄）

三、控王、取蜜用具

1.隔王板 有平面式和框式两种。主要用于限制蜂王产卵及活动范围，严格分清育虫区和贮蜜区，便于蜂群管理和提高蜂蜜质量。目前常用的有木竹隔王板、木塑隔王板等（图3-24）。

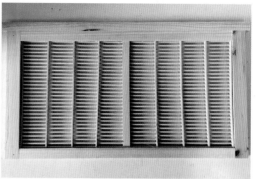

图 3-24 隔王板

（薛运波 摄）

2.全框诱王器 采用木板和铁纱制成的长扁式蜂笼，其大小以容纳1张巢脾为度。诱入蜂王时，将带有蜂王和1框蜂的半蜜脾，置于诱入器中，插入蜂群内，经过1～2天后，即可撤出诱入器（图3-25）。用全框诱入器介绍蜂王安全可靠，蜂王照常产卵。

3.金属罩式诱王器 白铁皮和铁纱制成的扁形王笼，诱入器长65mm、宽47mm、高12mm、齿长7mm，并有一面敞口无铁纱，形似罩状。

4.塑料罩式诱王器 塑料罩式诱王器是最新研制的诱王产品。利用该诱王器诱入蜂王时，在蜂群不受人为干扰的情况下完成诱王工作，诱入蜂王成功率比较高（使用方法和步骤见诱王和换王章节）。

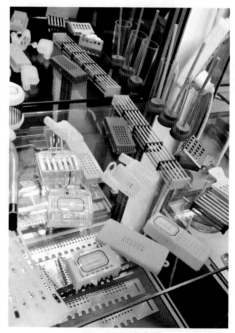

图 3-25 诱王器

（薛运波 摄）

5.框式王笼 是把巢框横竖隔成20～40个小单间，两面钉上铁纱，每个小间里放入装有炼糖的蜡碗。导送王台结束时，剩余的成熟王台不要继续留在育王群中，要立即装入框式王笼，放到无王群的子脾中间贮存。新蜂王出房后被隔离在笼内，有饲料、有子脾和蜜蜂保温，能存活10～20天，随用随取。

四、取蜜用具

1. 割蜜刀　一般割蜜刀系用纯钢片制成，两面有刀刃，还有电热割蜜刀、气热割蜜刀等，主要用来割除封盖蜜脾上的蜡盖。

2. 摇蜜机　分离巢脾内蜂蜜的机具，传统使用木桶摇蜜机（图3-26），现多用不锈钢或塑料制成。目前常用的是两框换面式摇蜜机，还有两框活转式摇蜜机、辐射式摇蜜机和电动摇蜜机等（图3-27、图3-28）。

图3-26　木桶摇蜜机
（薛运波　摄）

图3-27　摇蜜机
（薛运波　摄）

图3-28　电动摇蜜机
（薛运波　摄）

第三节 蜂群检查和调整蜂巢

一、检查蜂群

（一）检查蜂群的气候条件

检查蜂群要选择风和日暖的天气。繁殖期巢内有子脾，一般宜在气温16～30℃进行；早春蜂群排泄时巢内子脾少，气温在8℃以上就可以开箱快速检查；晚秋无蜜源易引起盗蜂，巢内又无子脾，应在早晨和傍晚蜜蜂不大量飞行时检查，但气温不能低于5℃。

（二）检查蜂群的过程

检查蜂群的人要手上、身上无特殊气味，身穿浅色工作服，戴上套袖、面网，准备好起刮刀、蜂刷、割雄蜂蛹刀、检查记录本等。要站在蜂箱的一侧，轻轻取下蜂箱大盖翻放在箱后的地上，再取下纱盖放在箱前，揭开覆布，接着开始提脾，有被蜂蜡粘住的巢框要用起刮刀启动框耳。如果巢脾满箱，要先提出一张巢脾暂时放在空箱里。提脾的方法：用双手的拇指和食指捏住巢脾上梁两侧的框耳，垂直提起来，看完一面要看另一面时，一手升高一手降低将上梁垂直竖起来，以上梁为轴，使巢脾向外转动半圈，然后双手端平，使下梁向上，巢脾的另一面即翻转到面前。要始终保持巢脾垂直状态,看完之后再逆着上述顺序将巢脾放回箱中。检查时，务必使巢脾在蜂巢上方活动，防止蜂王和幼蜂失落箱外。检查蜂群的人，心里要安静，眼睛要准，手要轻、快，行动要稳，聚精会神地仔细查看。不要手忙脚乱压死蜜蜂将其激怒。万一被蜂蜇刺也不必慌乱，应放稳巢脾之后再拔去螫针或洗去蜂毒气味。初养蜂者首先不要怕蜇，逐渐锻炼得少挨蜇或者不挨蜇。全群检查完之后依次放好巢脾，盖好覆布、纱盖和大盖，做好记录，再检查下一群。

（三）全面检查

检查的目的是要了解蜂群的强弱、子脾数量、蜂脾关系、饲料情况、有无病虫害、蜂王产子和蜂儿发育情况、工蜂工作情绪、削除雄蜂蛹和自然王台、衡量扩巢和缩巢、根据计划确定下一步的措施，等等。对蜂群全面检查的次数不宜过多，繁殖季节每月进行1～2次即可（图3-29）。长白山中蜂驯化程度较低，不喜欢人为干扰，检查时间偏长或检查比较频繁，蜂群会出现飞逃现象。

图3-29　检查蜂群
（崔永江　摄）

（四）局部检查

只是用来了解某一方面的问题或实行一两项措施，以及在外界缺乏蜜源和气温较低不适合于全面检查时，可以不拆动整个蜂巢，只提几张脾或只看边脾了解蜂群情况，而进行快速的局部检查（图3-30）。局部检查可以判断蜂群下列情况。

图3-30　新蛹脾
（薛运波　摄）

1. **蜂数增长**　巢门口采集蜂较多，隔板外挂蜂是蜂数已经增长，要考虑加脾扩巢。

2. **饲料情况**　子脾上方有封盖蜜说明饲料还充足，若子脾上部无蜜房是缺蜜现象。

3. **蜂王情况**　巢房内有新产的卵（卵立着），证明蜂王正常存在（图3-31、图3-32）；脾上有急造王台是失王现象；有自然王台说明出现分蜂热。

图3-31　正常产卵蜂王

（薛运波　摄）

图3-32　点标记蜂王

（薛运波　摄）

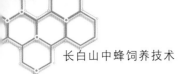

4.健康情况　蜂巢内出现自然脾，应该加巢础造新脾；蛹脾房盖有塌陷、穿孔或幼虫变色、腐烂，说明发生幼虫病。

（五）箱外观察

养蜂要"勤"的意义主要是指勤做箱外观察，从而减少开箱检查，减少人为干扰蜂群正常生活。通过箱外观察可以了解到蜂群里以及外界蜜源的一些情况，发现或判断一些问题，以便得到及时处理。

1.失王群　工蜂在巢门前乱爬，采花粉的工蜂减少。在断子期，工蜂在巢门前惶恐不安，嗡嗡振翅。若在蜂箱前找到蜂王尸体，更加证明该群失王。

2.蜂螨寄生情况　箱前有拖出的工蜂蛹和爬行的发育不健全的幼蜂，蜂体上能看到蜂螨，可以确定蜂螨的寄生情况。中蜂对蜂螨抵抗能力较强，蜂螨对中蜂造不成大的危害。

3.有分蜂热群　飞出去采集的外勤蜂比同等群势明显减少，进粉不旺盛，箱门前挂"蜂胡子"（图3-33）。

图3-33　蜂箱挂"蜂胡子"
（薛运波 摄）

4. **外界出现主要蜜源** 回巢的外勤蜂多数腹部较大，往踏板上落得笨重，常常坠落在地上。用手捉取踏板上笨重的蜜蜂，轻轻挤压蜜蜂的腹部，使其将腹部的液体吐出1小滴，然后品尝蜜蜂采集的是花蜜还是水。

5. **外界蜜源缺乏** 巢门前的工蜂较多，互相撕咬，蜂场蜜蜂飞行秩序较乱，有盗蜂活动，说明外界缺少蜜源，蜂群有可能缺少饲料。

6. **很多工蜂死在箱前** 可能是中毒或遭受病虫害、盗蜂等。出现这种情况应及时查明原因。到蜜蜂飞行采集的范围内，查看蜜蜂在采集什么，确定死亡原因。

7. **工蜂采集勤奋，采粉工蜂较多** 说明蜂群正常繁殖，有积极的工作情绪，在蜜蜂有效的采集范围内查看一下什么植物开花，有无蜜蜂采集，进一步确定采集的花蜜品种。

8. **巢门前工蜂拖出蛹、虫** 外界无蜜源，巢内严重缺蜜或者缺粉，已达到弃养程度。说明蜂群内严重缺少饲料，应及时补喂饲料。

9. **群势增长** 正常增殖期，巢门前工蜂熙熙攘攘，气温高时聚集于箱前部或踏板上，说明群势增长，应考虑扩巢。

（六）抖脾脱蜂

抖脾脱蜂是养蜂者必须掌握的基本功，久练才能运用自如。脱蜂时，要两手平握住框耳，利用腕力（弹力）往下垂直猛抖1～3下，脾上大部分蜂被抖落，剩余的蜂用蜂刷轻轻扫去。

（七）巢脾的排列

巢脾的布置要合乎蜂群内部繁殖的需要，不能任意摆放，破坏蜂巢的结构。一般繁殖期间的平箱群，蜜粉脾放两边，从两侧往里依次放新蛹脾、虫脾、卵脾、老蛹脾。这样，老蛹脾在中间出房之后蜂王很快能产上卵，待下次检查时新蛹脾变为老蛹脾，再调入中间，其他脾依次调换即可。

二、蜂脾关系及其运用

调整蜂脾关系是管理蜂群的一种技术手段，人为地给蜂群安排相应的蜂脾关系，可以改变蜂群的内在条件，引起数量和质量的变化。

（一）蜂脾关系

一张标准巢脾，两面爬满蜂大约有3 000只，为一框蜂。一群蜂有几张脾、有几框蜂，是蜂多脾少，还是蜂少脾多或者是蜂脾一致，即蜂和脾的比例，称为蜂脾关系。

通常使用的有蜂多于脾（蜂数比脾数多三成以上）、蜂略多于脾（蜂数比脾数多一二成）、蜂脾相称（蜂数和脾数基本一致）、脾略多于蜂（脾数比蜂数多一二成）、脾多于蜂（脾数比蜂数多三成以上）等蜂脾关系（图3-34至图3-36）。

图3-34　脾多于蜂
（薛运波　摄）

图3-35　蜂脾相称
（薛运波　摄）

图3-36　蜂多于脾

（薛运波　摄）

（二）正确运用蜂脾关系

蜂脾关系的运用贯穿于蜂群饲养管理的整个过程。一年四季，不管是繁殖期还是越冬期，都要涉及如何正确掌握蜂脾关系。管理蜂群时调整蜂脾关系不能凭主观愿望决定，必须根据蜂群、气候、蜜源等客观条件来决定。如果不分什么样的群势和蜂王优劣，不分处在什么样的气候和什么样的蜜源条件下，均以相同的蜂脾关系布置蜂巢，那么，只能贻误蜂群的发展，达不到管理蜂群的目的。因此，要准确观察气候和蜜源的变化，针对蜂群的消长规律及其所处阶段的特点，相应地运用蜂脾关系，使当时所使用的蜂脾关系有利于蜂群的繁殖、生产和越冬。

饲养长白山中蜂的蜂脾关系是在恢复期、过渡期和越冬期均保持蜂多于脾，增殖期和衰弱期保持蜂脾相称，强群保持期要脾略多于蜂。

（三）蜂路及其运用

在蜂巢里，巢脾之间的距离叫蜂路。在处理蜂脾关系和调整蜂巢时，要根据不同季节的需要，使用不同宽度的蜂路。通过扩大或缩小蜂路，可以使蜂群达到密集保温或疏散通风的目的。

在春、夏、秋三季繁殖期常用8～9mm蜂路，为什么要使用这种规格的蜂路呢？因爬行的蜜蜂身高3.6mm，蜂路两侧巢脾上爬满蜜蜂，背靠背占7.2mm，还有1～2mm的空隙，这样既不妨碍蜜蜂在巢脾上工作，又有

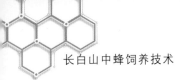

利于蜜蜂护巢、保温、通风等活动，所以这种规格的蜂路适合繁殖期使用（图3-37）。

图3-37　常用8～9mm蜂路
（薛运波 摄）

在春季繁殖期，有时使用8mm蜂路，这是一种最小的蜂路，只能容许蜜蜂挤在蜂路里工作，这种蜂路在脾多于蜂的情况下可使用一个阶段，但时间不宜过长。

在流蜜期，气温高、群势强，可使用9～10mm蜂路，以适应蜜蜂贮存和酿造蜂蜜的需要。

越冬期一般使用11mm左右的蜂路，促使蜜蜂在结团时加厚蜂层，有利于安全越冬。

三、扩大蜂巢

蜂群从早春在蜂多于脾的基础上，随着气温的上升、蜜源的出现、卵圈的扩大、幼蜂的出房、群势的增长、蜜粉贮存量的增加，原有蜂巢已经不能满足蜂群繁殖和采集的需要，这时就要按照蜂群发展的情况和所处的自然条件，适时添加巢脾或巢础扩大蜂巢（图3-38）。

那么，怎样扩大蜂巢呢？扩大蜂巢是改变蜂脾关系或保持蜂脾关系的基本功，是增殖期管蜂的重要环节。扩大蜂巢要有依据、有目的。无论何时加脾、加巢础都应遵循当时群势、气候和蜜源所要求的蜂脾关系，不应因加脾而破坏了适宜的蜂脾关系。特别是气候多变的春季，加脾的依据是蜜蜂能否密集护脾，而不是蜂王产卵巢房的余缺，若只按产卵需要而忽视蜂脾关系去盲目扩巢，那么，势必浪费哺育力和产卵力，降低繁殖效率。

图3-38 修脾扩大蜂巢
（崔永江 摄）

（一）根据气候和群势加脾扩巢

春季给弱群（1～2张脾）加脾要先放在子脾外侧，待蜂王产卵后再移入里侧，因为弱群增加1张巢脾突然扩大了1/4～1/2的蜂巢，蜂王又不一定很快在脾上产满卵，结果形成空脾隔离子脾，影响蜂儿的发育；给4张脾以上的强群加脾则可以放入子脾与边脾之间，因为这种蜂群适应性较强，加一张脾扩巢的比例较小，在与弱群同等蜂脾关系的条件下，加脾之后蜂脾关系变化幅度较小。任何蜂群加脾都不应该以空脾隔开一张子脾，要放在2～3张子脾的里侧蜂王产卵区。

（二）根据蜜源情况加脾扩巢

在缺乏蜜源时使用褐色脾，在有蜜粉源时使用浅色脾，在蜜粉源丰富时使用半成脾或巢础。长白山中蜂喜欢新脾，不习惯老旧巢脾（图3-39）。在蜜源缺乏或巢内缺蜜时使用带有边角蜜的巢脾，脾中的封盖蜜要削盖，未封盖蜜房要喷以糖水，促使蜜蜂搬走。缺粉时使用带有花粉圈的巢脾，流蜜期缺脾可加一般巢脾或巢础。

加脾的时间根据蜜粉源而定，无明显蜜源时可在检查蜂群的过程中随时加脾；在蜜源丰富时则应在傍晚加脾（此时白天加脾，随时都会被工蜂贮存粉蜜争占巢房，影响蜂王产卵），并且在第二天上午要检查产卵情况，如果脾上未产卵或已被蜜粉争占巢房，应暂时撤出来，待傍晚再重新加入适当的巢脾。

图 3-39 中蜂新脾上子脾

（薛运波 摄）

四、缩小蜂巢

秋季，气温逐渐下降，蜜源稀少，蜂群的繁殖力随之减弱，从强群保持期过渡为群势衰退期。蜂数减少，巢脾显得过多，蜂脾关系发生变化，为此要及时缩小蜂巢，保持蜂群现有实力。在蜂群繁殖期，因蜜粉源缺乏而影响繁殖或者受病虫危害，蜂儿或成蜂死亡率较高，导致群势下降，蜂脾关系也会发生较大的变化，为此也要及时缩小蜂巢，维持相应的蜂脾关系，以利于蜂群的恢复。

（一）局部缩小蜂巢

按当时所需要的蜂脾关系，把子脾集中布置在蜂箱的一侧，多余巢脾暂时放于隔板外侧，或者把子脾布置在巢箱，上面斜盖覆布，使之露出2～3个盖不着的箱角作为蜂路，多余的巢脾放于或逐步放于覆布上面的继箱里（图3-40）。这样，当气温较低时蜜蜂便密集到子脾上，气温较高时有疏散的余地，起到了缩小蜂巢的作用。这种方法适合于秋季缩巢，也适合于繁殖期临时缩巢。

（二）全面缩小蜂巢

按当时所需要的蜂脾关系，把应该留的巢脾集中在一起，放于巢箱或巢箱的一侧，多余的巢脾全部撤出去，多余的箱体（继箱）也同时撤去（图3-41）。这种方法适合于晚秋断子期缩巢，也适合于受病虫害影响群势下降时蜂群缩巢。

图3-40　撤出多余巢脾
（薛运波 摄）

图3-41　全面缩小蜂巢
（李杰銮 摄）

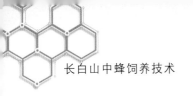

五、蜂群的换箱

在养蜂日常工作中，常常根据需要更换蜂箱，如不注意，容易造成混乱或偏集，影响蜂群的繁殖和生产。换蜂箱时，要把被换蜂箱往后移动一箱远，在原位置上放应换入的空箱，把原箱的巢脾带蜂和蜂王按原顺序提入空箱中，再向箱门前的踏板上抖落一框蜂，以引导外勤蜂落下；如果换的是新蜂箱、无蜂巢气味，应在踏板上放一块本群的木隔板或自然脾招蜂进巢。

（一）两箱换入一箱

有时为了保温或管理的需要，把两个弱群换入一箱。这时要在两群的原位置中间放一个双格蜂箱，然后将两群的脾和蜂按各自的原位置分别提到双格箱，每格放一群。并且仿原巢门位置留两个巢门，使外勤蜂分别进入本群，以免混乱围王。过2～3天以后两群气味混合，可以把两个巢门调到一起，中间隔楔形木块，这样便于调整平衡外勤蜂。

（二）一箱换入两箱

两群在一箱繁殖到满箱，要分巢换入两箱时，在原群的位置上放两个紧靠在一起的蜂箱，把蜂和脾按原位置从双格箱内分别提到两个空箱内，两群的巢门暂时留在两箱紧靠的位置上，傍晚将两箱拉开一点距离，以便盖严大盖，以后逐渐把箱门改到中间。

六、蜂群移位

蜂群一般不能就地随意移动位置，因为蜜蜂在一定的飞行范围以内记忆蜂巢的能力很强，一旦将蜂群所在的蜂箱移到附近新位置，飞翔蜂仍然会飞回原处。所以在迁移蜂群不超过2.5km时，应当首先将蜂群移到采集蜜源的相反方向3km以外，6～7天以后再运回迁移的新地方。

如果在本场进行短距离移动蜂群，要每隔1天移动一箱远的距离，渐渐移开原位置向新位置靠近。在早春和晚秋气温低或阴雨天时，蜜蜂有5～7天不能进行飞行活动，也可以直接迁移到附近新址。

迁移蜂群，如若用人抬或挑往附近的地方，可以不包装，注意稳行轻放保持箱体平衡不倾斜。若是迁往较远的地方，特别是用车运，应当进行包装，把箱内的巢脾用距离夹固定，使之不致因运输震荡而使巢脾挤在一起，箱上口的纱盖应钉牢，继巢箱之间要钉以板条连成一体，待晚间外勤蜂归巢关闭巢门以后，启运蜂群。

七、补充饲喂和奖励饲喂

补充饲喂和奖励饲喂不能混为一谈，要区别利用，以便分别达到补充和奖励的目的。所谓补充饲喂，是指按蜂群各时期的饲料标准，在巢内缺乏饲料而外界又无充足的蜜源时，给蜂群补充饲料，以维持其应有的饲料贮存量。其特点是饲喂量大、饲喂次数少。所谓奖励饲喂，是指在繁殖期，外界蜜源较差时，为了刺激蜂群繁殖的积极性，在巢内饲料充足的基础上，每天傍晚以稀薄的蜜汁或糖浆连续饲喂多日，直到外界出现丰富的蜜粉源。其特点是饲喂量小、饲喂次数多。

（一）补充饲喂

补充饲喂最好使用储备的蜜粉脾，直接加入或换入蜂巢。在蜂群不需加脾时，可以把封盖蜜脾割开房盖放在隔板外侧，让蜜蜂自己把蜜移到隔板内的巢脾上。在无蜜脾的情况下，补充饲喂蜂蜜或糖浆，浓度不可过于稀薄。早春和晚秋气温较低，使用成熟蜜喂蜂时，以9份蜜加1份水，然后加温到60℃；使用白糖喂蜂，应以7份糖加3份水融化；若在气温较高的季节里，蜂群强壮，喂蜂蜜应以7份蜜加3份水，喂白糖应以5份糖加5份水。补充饲喂宜使用饲养器或者将蜜汁、糖浆灌入空脾中放进蜂箱让蜂自己搬运，要利用1～2个晚间喂足（图3-42、图3-43）。

图3-42　活框箱补喂饲料
（薛运波 摄）

图3-43　木桶饲养补喂饲料
（薛运波 摄）

（二）奖励饲喂

奖励饲喂不可盲目进行，要在蜂群、气候、蜜源三个条件允许时才能进行。①蜂群进入增殖期、特别是关键性的繁殖阶段（如繁殖采集蜂或越冬蜂），巢内饲料不足；②外界气温逐渐稳定，已经没有影响蜂群繁殖的低温寒潮；③外界蜜源稀少，起不到刺激蜂群积极繁殖的作用。这三个条件都具备时才可以进行奖励饲喂（图3-44）。春季必须在外界出现辅助蜜源以后，越冬蜂已经更新、蜂群的繁殖力增强，以及蜜源临时中断或连续阴雨，蜂不能飞出采集时，进行奖励饲喂。但蜂群发生消化系统疾病时，不宜利用稀薄饲料奖励饲喂。奖励饲喂的饲料含水量较大，应现用现调配，以防久放变酸发酵。配制方法是：以5份蜂蜜和5份水加温融化配制成蜜汁；或者以4份白糖和6份水加温煮沸配制成糖浆。每天傍晚利用饲养器或用壶浇灌边脾饲喂一次，每群每次200～300g。如果缺花粉，可以结合饲喂花粉或代用品（将储备的花粉或代用品混合入饲料内）；如果预防疾病，可以把药物混入饲料同时饲喂。

图3-44　奖励饲喂
（薛运波　摄）

第四节　诱王和换王

一、诱王、换王的条件和方法

（一）诱王、换王的条件

天气良好，外界有良好的蜜粉源，外勤蜂忙于采集，蜂群不起盗蜂；在诱王的当天该蜂群不受干扰，并且在诱入蜂王以后3天内不惊动蜂群；被诱入蜂王的蜂群无自然王台和急造王台，无处女王，有卵虫脾，无王时间不过长；被诱入的产卵新王，最好是已经产卵10天以上，诱入之前未曾停止产卵；被诱入的处女王出房不超过3天。

（二）诱王和换王的方法

1. 塑料罩诱王器诱入法　图3-45为塑料罩诱王器，使用方法如下：

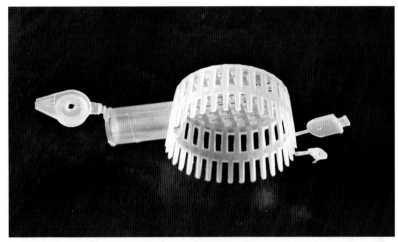

图3-45 塑料罩诱王器

（薛运波 摄）

（1）用剪刀剪离与圆筒罩侧壁底部固定柱连筋的阻隔片、卡帽。

（2）把阻隔片的顶部从圆桶罩内向顶部用力推入弧形滑槽中，并把卡帽扣在阻隔片的顶部，保证阻隔片沿着弧形滑槽滑动。

（3）在室内捕捉蜂王防止飞逃损失。

（4）滑动阻隔片，使圆桶罩与圆管的连通处隔断。

（5）打开圆管另一端的盖子，捉住蜂王翅膀，将蜂王头部置于圆管中，待其爬入圆管内，立即合上盖子将蜂王幽闭于圆管内。

（6）将幽闭蜂王的诱入器带到室外的无王群处（大群或微型交尾群），开箱提出一张有蜜巢脾，将诱入器的圆桶罩扣在巢脾上部有蜜位置，将圆桶罩的侧壁圆柱插入巢脾中，且圆管的开口端朝上。

（7）滑动阻隔片，使圆桶罩与圆管的连通处恢复连通，将巢脾放回蜂巢内。

（8）过2～3天，开启蜂巢的纱盖或覆布暴露蜂巢表面，用一铁丝拉钩伸入蜂路中，勾住蜂路中的蜂王诱入器盖子外壁拉柄，向上轻拉开启盖子，露出圆管开口最大径，保证蜂王能顺利爬出蜂王诱入器进入蜂巢，随后盖好箱盖。

（9）两天后检查诱王群，顺便取出蜂王诱入器重复利用。

（10）对于蜂蜡堵塞第一、第二通气网格的蜂王诱入器，需用开水煮沸去蜡后再使用。

2.气味诱王法 在诱入蜂王前1～2h，将切碎的葱蒜类分别放入无王群和被诱蜂王所在的蜂群中,使两群气味相同;傍晚,将蜂王抓来放入无王群的巢门,让它自己爬进蜂巢即可。或混合气味之后,傍晚从有王群中提出带有蜂王和工蜂的卵虫脾放入无王群的隔板外侧。过两天之后将这张脾提进隔板里侧,重新调整。

3.铁纱罩诱王法　用铁纱制成的扁方形纱罩,有一面敞口无铁纱。介绍蜂王时,把蜂王带几只幼蜂扣在既有蜜房又有空房的巢脾中间,纱罩口的周围要扣到巢房底部,防止工蜂咬破巢房过早地钻进去。蜂王被罩在脾上,待工蜂愿意接受时打开纱罩让蜂王出来。

4.幼蜂诱王法　几次诱王都未成功的蜂群,利用刚产卵几天的新蜂王或新引进的种蜂王,采取幼蜂诱王(图3-46)。其方法:在被诱入蜂王的巢箱上放铁纱盖,再放一个继箱,继箱里放2～4张带蜂的老蛹脾和1张蜜粉脾,继箱开一后巢门;待组成24h之后外勤蜂飞走只剩幼蜂时,把蜂王直接放在子脾上,让蜂王在继箱内产卵一段时间后,再逐渐与巢箱合并。

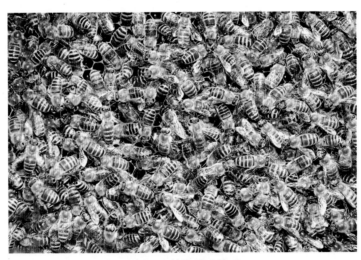

图3-46　幼蜂诱入蜂王
(薛运波 摄)

5.纸筒诱王法　用长10cm、直径2cm的纸筒把蜂王装起来,封上口。筒上提前扎上许多小眼,筒外抹上少许蜂蜜,然后将它挂在无王群子脾中间的蜂路里,盖好箱盖,蜜蜂自然会咬破纸筒,解放蜂王。

6.两群对换蜂王法　对换蜂王之前,将切碎的葱或蒜同时撒入两群中,过1～2h从两群中各提一张带蜂王和蜂的幼虫脾,分别放入对方蜂群的隔板外侧，过1～2天将幼虫脾调入隔板里侧即可；或在傍晚往对换蜂王的两群各加一张新灌进蜜糖的巢脾，放在隔板外侧，再按上述方法把带蜂王的子脾放在蜜脾外侧。

二、围王的解救方法

遇到围王现象，不要慌忙用手解救。若围势较轻，先用蜜水浇散围王的工蜂，再往蜂王身上浇一些蜜，这时工蜂都忙于清理蜂体和吸吮蜂王身上的蜜，逐渐消除了围王的意念，马上盖好箱盖，2～3天内不要惊动。若围势严重，把围王的蜂团放入水中，蜜蜂随即散开逃走，把蜂王救出装入王笼，暂时放在蜂群中，找到围王原因经过适当处理，再按纱罩诱王法将蜂王导入蜂群。

第五节 合并蜂群

一、合并蜂群条件

外界有较为丰富的蜜源，蜂群忙于采集，不起盗蜂；若外界缺乏蜜源时，在蜂群合并前2天开始进行奖励饲喂；蜂群处于安静状态，没有受到任何干扰；保证无王群内没有蜂王和王台，失王时间不过长；被合并的无王群要比有王群弱（图3-47），保证有王群占优势。

图3-47 无王弱群

（薛运波 摄）

二、合并蜂群的方法

(一) 直接合并法

早春蜂群排泄的最初1～2天和大流蜜期，蜜蜂敏感性较低，这时可以直接将无王群合并入有王群，或者从强群中撤蜂直接加强弱群。当排泄2天之后进行合并时，应将合入的蜂带脾放于隔板外侧，让蜂自己爬进隔板里侧。

(二) 混合气味合并法

白天把无王群的急造王台削净，傍晚将无王群移进有王群的蜂箱里，两群中间留20mm宽的空隙，接着往蜂巢里喷几下烟混合气味，盖好箱盖，2～3天不要开箱惊动。或者在合并之前将切碎的葱或蒜撒进两群的蜂路中，过1～2h把两群提到一个箱里即可 (图3-48)。

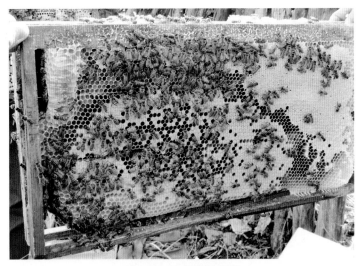

图3-48　准备合并蜂群
(薛运波 摄)

(三) 间接合并法

傍晚，在有王群的巢箱上加一块铁纱或纱盖，然后放上继箱，再把无王群的巢脾全部提到继箱内，过1～2天上下气味串通，撤去铁纱，再过1～2天上下调动巢脾，进行调整；或者在有王群的巢箱上铺一张扎有许多小孔的报纸，纸上面加一继箱，接着把无王群的巢脾全部提入继箱内，盖好箱盖，过1～2天两群气味串通混合，报纸被蜜蜂咬破，合并即告成功，然后再统一调整蜂巢。

三、工蜂产卵及其处理方法

工蜂产卵蜂群直接介绍蜂王很难成功。当工蜂产卵群长期无王，群内又没有虫卵可改造王台，外界温度在15℃以上时，将工蜂产卵蜂群搬到距离蜂场5～6m远的地方，原址放一个有蜜粉、有卵虫脾的蜂箱；然后将工蜂产卵蜂群的蜜蜂全部抖落到地上，正常子脾及蜜粉脾放到原址蜂箱内（脾数多少根据工蜂产卵蜂群的蜂数而定，应保持蜂脾相称为宜），让正常工蜂飞回原址，其余工蜂产卵的巢脾毁掉熔化生产蜂蜡。通过遗弃产卵工蜂和置入卵虫脾，蜂群很快就可出现急造王台，待蜂群秩序恢复正常后，毁掉王台，介绍一只老王即可。

第六节　预防盗蜂

一、盗蜂

盗蜂是指掠夺和盗窃其他蜂群贮蜜的蜜蜂（图3-49）。被盗群的巢门前比较混乱，工蜂相互撕咬、斗杀，地上有被蜇刺中毒而死的工蜂；进巢门的工蜂腹部小，出巢门的工蜂腹部大，行动慌张；如果用手挤压钻出巢门的盗蜂腹部，蜜即从吻中流出。而作盗蜂群的巢门前外勤蜂像采集丰富蜜源那样忙碌，进巢门的腹部大，出巢门的腹部小，如果作盗多时，巢内已有盗回的新蜜。分辨作盗群时，可向被盗群巢门前正在乱飞的蜜蜂中撒一把面粉，然后观察其他蜂群的巢门，若黏附面粉记号的归巢蜂较多即是作盗群。

图3-49　盗　蜂
（引自苏松坤，2008）

二、预防盗蜂的措施

常年饲养强群，并保持长期饲料充足（图3-50）。无蜜源期不饲养弱小蜂群，无王群要及时合并或介绍入蜂王。除了大流蜜期之外，要撤出巢内空脾，保持蜂脾相称。缺乏蜜源时期要缩小巢门，白天少检查不喂蜜。平时要注意

不把蜜汁糖浆洒在蜂箱外边，场地上的蜡屑要随时清理干净。巢脾、蜂蜜要严加保管，减少招引盗蜂的机会。易发生盗蜂期间，不使用容易引起盗蜂的药物防治蜂螨和病害。对于盗性较强、防卫能力较差的蜂群，要针对其特点，增强防盗措施。

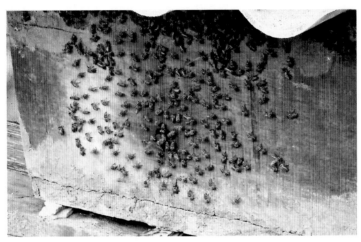

图 3-50　强群守卫蜂

（薛运波　摄）

三、处理被盗蜂群的方法

（一）初起盗蜂不严重

把被盗蜂群的箱前用树枝和乱草遮挡，或者安上防盗蜂巢门（用板条锯成N形的弯曲巢门洞），并且在踏板上抹一些煤油或卫生球粉、石炭酸等有气味的物质驱赶盗蜂。一群盗另一群时，把作盗群和被盗群互换位置迷惑盗蜂。

（二）多数蜂群同时被盗

把被盗群转移到距离原场 3 ～ 4km 的地方，暂时放一段时间，待蜂群秩序恢复正常之后再搬回原场。

（三）几群蜂同时盗一群

把被盗群搬走暂时幽闭，原位置上放一只加有继箱的空蜂箱，盖以纱盖，巢门插入一根 20cm 长的管子，管子外部与巢门并齐，箱里边的一头略垫高一点。这时盗蜂只能通过接到巢门的管子进入蜂箱，而没有出来的机会，集聚到有光亮的纱盖下面。傍晚把这些盗蜂放走，经过 2 ～ 3 天，这些盗蜂就不再飞来了，再把原群搬回。

第四章 常用蜂群饲养管理技术

第一节 人工育王

一、培育蜂王的条件

育王的时间应根据本地气候和蜜源条件以及当时蜂群的强弱而定。准备育王时，要求外界气温正常，没有连续低温或明显寒潮；蜜粉源旺盛，工蜂积极采集，巢内饲料充足，蜂场上没有盗蜂；蜂群处于增殖期及其以后的强壮时期，平均每群子脾4张以上。

二、育王前的准备工作

（一）选择种用蜂群

育王选择种用蜂群，要求采集力强，产蜜量高，在同等条件下，历年产量高于同等蜂群；繁殖力强，蜂王产卵力旺盛，子脾完整，维持大群，分蜂性弱；性情温驯，不爱蜇人，不爱作盗，防盗能力强；抗寒，越冬安全，节省饲料；抗病，在发病期不易感染疾病。对选择出来的种用蜂群，以1/3作为母群、2/3作为父群。

（二）培育雄蜂

父群应当选择具有优良性状、二年以上的老王群，群势5框蜂以上，在育王前20天开始培育雄蜂。

培育雄蜂之前，要把全场蜂群中的雄蜂和雄蜂蛹虫处理干净，控制非种用群雄蜂出生；然后将有大面积孵化过蜂儿的雄蜂房的巢脾插入选定的父群子脾中间，并紧缩蜂巢；若外界蜜源不充足还要奖励饲喂，促使蜜蜂积极哺育雄蜂蜂儿。雄蜂脾两侧的蜂路要略宽于一般蜂路，以利于雄蜂蜂儿的发育（图4-1）。雄蜂出房之后，要分散到其他蜂群或交尾群，避免本群雄蜂拥挤影响工作情绪。

（三）适龄幼虫的准备

在移虫前10天，将母群蜂王用框式隔王板控制在巢脾一侧，放1张蜜粉

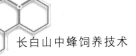

脾、1张大幼虫脾、1张小幼虫脾。每张巢脾上都几乎没有空房，以迫使蜂王不得不停止产卵。在移虫的前4天，从控制区内提出1张子脾，同时加进1张产过1~2次卵的空脾供蜂王产较大的卵，待其孵化后，用来移虫育王。

图4-1 培育雄蜂的蜂群

（薛运波 摄）

三、培育蜂王方法

（一）组织育王群

育王群必须是无病的健壮蜂群，保证拥有充足的哺育力（图4-2）。利用隔王板组织育王群，继箱群要求群势10框蜂以上，5~7张子脾。在移虫前3天

图4-2 育王群

（薛运波 摄）

进行调整，巢箱放卵、虫、蛹脾和1～2张蜜粉脾，继箱放1张虫脾、1～2张新蛹脾、1～2张蜜粉脾（育王框放于继箱子脾中间）；巢箱和继箱之间加隔王板，蜂王控制在巢箱内；平箱育王群要求群势5框蜂以上，用框式隔王板将蜂箱隔成两区，即有王繁殖区、无王育王区，蜂巢调整的方法与继箱育王群相同。

（二）制备王台基和育王框

1. 王台基 简称台基，是工蜂筑造王台的基础。制作台基首先预备好100mm长木制的圆形样棒，样棒沾台基部分的10mm以内的直径为6.5～8mm，头部圆形、光滑，略细。然后把样棒放在水中浸透，手拿样棒抖净水滴，向已经融化好的纯净蜡液里蘸入8～10mm深，马上提出稍凉再重复蘸一次，根据蜡温接连蘸2～3次，从第二次起要逐渐减少蘸入的深度，使台基口薄底厚，放水中冷却，后用手松动取下（图4-3、图4-4）。

图4-3 用台基棒蘸制王台基

（李志勇／葛蓬 摄）

图4-4 粘贴的王台基

（李志勇 摄）

2. 育王框 育王框是工蜂筑造王台的专用框，长和高与巢框相同、宽度约13mm的木制框架，在两边侧条上等距离横放2～3条台基板；台基板能够左右转动，在每个台基板上等距离粘上8～10个台基（图4-5）；在移虫之前送到育王群，经工蜂清理0.5～1h，至台基上出现新蜡，台沿平整微向内卷，即可取出准备移虫。

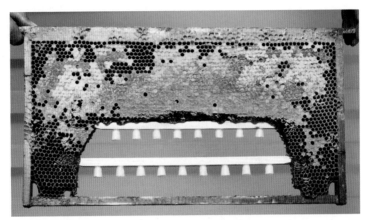

图4-5　保温式育王框
（李志勇／葛蓬　摄）

（三）移虫

第一步是取虫脾，把预先选好的幼虫脾提出来，不要直接抖蜂，要轻轻扫去脾上的蜜蜂，把虫脾运到移虫的地方。第二步是移虫，手持弹力移虫针轻柔地从适龄幼虫的脊背后面插入虫体下，接着提起移虫针，幼虫就被针尖粘托起来，然后插入台基底用手指轻推"推虫杆"，使幼虫同浆液一起留在台基底部（图4-6）。一次挑不起来的幼虫不要再移了，应移新的幼虫，以提高成活率。移虫在室内外进行都可以，要求温度不低于20℃，并要保持适宜的湿度。第三步是下框，移完虫的育王框要马上把台基口一致向下、调整齐，送入育王群中。

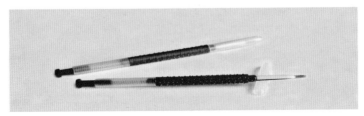

图4-6　移虫针
（李志勇　摄）

（四）育王群管理

从移虫的前1天傍晚开始，对育王群以稀薄的蜂蜜或糖浆进行奖励饲喂（保证花粉充足），每天奖励一次，直到王台封盖为止。移虫第2天检查王台接受情况，并初步确定所留王台数，5～6框蜂的育王群留20～25个王台（图4-7）。同时，削除子脾上的急造王台；第5天检查王台封盖情况，淘汰早封盖、畸形、瘦小的王台；第8天统计王台数量，以便落实利用计划，再次削除急造王台，严防育王群出现处女王破坏王台。育王框两侧的蛹脾出房要及时补充新蛹脾，尤其是连续育王的蜂群更要多次补充。

图4-7 检查移虫接受情况

（薛运波 摄）

在处女王出房前12～24h，从育王群中取出育王框，拿到温暖的室内，快速、准确地用刀沿着台基板逐个割下王台，包入温暖的棉垫里，然后向交尾群导台，每群一个，粘在子脾上部既保温又不会被挤压的地方（图4-8）。

剩余的成熟王台要立即装入框式储王笼里（图4-9）。在框式储王笼内的每个小格里放入装有

图4-8 成熟王台

（李杰鑫 摄）

炼糖饲料的蜡碗，把王台头向下固定在每个小格的板条上。将王笼放到无王区的子脾中间储存，随用随取。

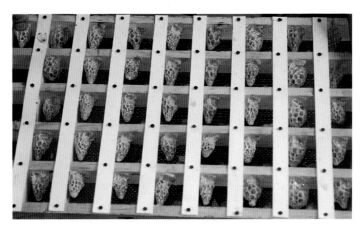

图4-9　框式储王笼

（李志勇　摄）

（五）交尾群的组织及其管理

1. 标准巢脾交尾群　在一个巢箱里放一个交尾群或者放2～4个交尾群（一个蜂箱隔成2～4区，各在不同方向上开巢门，每区放一群），或者在继箱放一个交尾群（巢继箱间加双层铁纱、继箱开后巢门），或者靠主群一侧隔出小区（侧面开交尾门），小区内放一个交尾群。组织交尾群的方法如下：

（1）从每个原群中，提出即将出房的老蛹脾和蜜粉脾带蜂集中放在空箱里，并按每张蛹脾多抖入1～2框蜂，敞开巢门放走外勤蜂，傍晚脾上只剩幼蜂。每个交尾群分配一张爬满幼蜂的蛹脾，另加一张蜜粉脾（图4-10）。

图4-10　交尾群

（柏建民　摄）

（2）从原群中提出1张老蛹脾、1张蜜粉脾带蜂直接放进交尾箱中，同时再抖入1～2框蜂，放走外勤蜂，即组成一个交尾群。

组织交尾群的当天晚上或者第二天早晨要复查一次，蜜蜂数量以能护过蛹脾为原则，不足者可再从原群中补充。

2.交尾群的管理方法　交尾箱要放在蜂场外缘空旷地带，摆成不同的形状，巢门附近设置各种记号，并且利用自然环境（如山形、地势、房屋、树木等）的特征分别摆放交尾群，或者设置明显的物标（如石头、土台、木堆等），以利于处女王飞行时记忆本巢的位置。为了提高交尾率，最好把专用交尾箱的四面箱壁分别涂上蜜蜂善于分辨的蓝、黄、白等颜色。

交尾群组成1～2天，导入成熟王台。当处女王出房后，蛹脾大部分出房时，每个交尾群换入1张与其蜂数相应的卵虫蛹脾，这样既可以利用工蜂的哺育力增强交尾群的后备力量，又能刺激工蜂积极活动、加速蜂王交尾，还能保持交尾群不断子脾，防止交尾群发生飞逃。

检查交尾群要利用早晚处女王不外出飞行的时间进行，发现处女王残废应及早淘汰，飞失的要重新导入王台或处女王。在良好的天气条件下，出房15天不产卵的处女王应淘汰，补入虫脾后再重新导入王台或处女王。交尾群缺饲料时应从大群换入蜜脾，无蜜脾时可将蜜糖饲料先喂大群，然后再从大群抽蜜脾补给交尾群，一般不宜直接饲喂交尾群，防止引起盗蜂。

3.交尾群的复用　处女王在交尾群中产卵8～9天就可以取走利用。当新产卵蜂王取走1～2天后，交尾群的子脾上就会出现急造王台，这时要削除急造王台，导入成熟王台。如果导入处女王要利用王笼介绍法，不要直接放入。无王、无子脾、蜂少的交尾群在重复利用之前，要针对实际情况补蜂、补蛹脾，然后再导入成熟王台或处女王。

第二节　人工分蜂和自然分蜂

一、人工分群的条件

分群时间要处于良好的辅助蜜源前期，没有长时间的阴雨寒潮，距离主要流蜜期尚有50天以上的时间；原群经过分蜂撤走部分工蜂和蛹脾，到主要流蜜期仍能增殖成为强大的生产蜂群；新分群经过补充和自身繁殖，到主要流蜜期也能发展为一般的生产群；蜂群处于增殖时期，幼蜂积累逐渐过剩，全场蜂群相对平衡，都在5～6张子脾之间，蜂群的工作情绪仍处于积极状态，尚未出现分蜂热；蜂群蜜粉饲料充足，并有足够的备用饲料。一旦外界

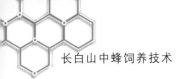

长白山中蜂饲养技术

蜜源条件变坏，蜂群饲料有补充的余地；人工培育的蜂王已经产卵，可以用来组织新分群。

二、人工分群方法

（一）加强交尾群为新分群

选择处女王正在产卵的交尾群为新分群，在不影响原群繁殖和未来生产的前提下，提出正在出房的老蛹脾加强新分群；每个新分群每次补充1张老蛹脾，通过2～3次加强，新分群就具备了自身独立繁殖的能力。如果使用2～4区交尾箱，应在每个巢门位置上放一只空箱；把交尾群分别移入空箱内，以便加强蛹脾和扩大蜂巢，即可形成2～4个新分群。

（二）一群平分为两群

在原群位置上并排放两个空箱，中间距离20cm，把原群的蜜粉脾、子脾带蜂平均分配到两个空箱里，外勤蜂回巢时分别飞入两箱。如有偏集现象可适当调整箱位。傍晚给无王的一群介绍引入产卵蜂王，分群即告成功。利用平均分群法分群的时间，应该在流蜜期前40天以上进行，以保证能繁殖出强大的生产群。这种分蜂方法不能使用处女王或自然王台，必须使用产卵蜂王。

（三）混合分群

蜂场上有储备蜂王或者已经培育出产卵蜂王，蜂群又达不到平均分群所要求的群势，可以进行混合分群。但必须在蜂群没有传染性疾病的条件下进行，否则，通过混合分群会引起蜂病的传染。具体做法是：首先，从每个原群中提出1～2张老蛹脾带2～3框蜂，按本次分群所需蛹脾数，集中放在空箱里，并随时放走外勤蜂；然后，每个新分群分配3～4张带幼蜂的蛹脾，再加入1张蜜粉脾，傍晚介绍引入蜂王，新分群即成。

三、自然分蜂

蜂王产卵和工蜂哺育幼虫，只是使蜂群中的蜜蜂数量增多，而整个蜜蜂群体的繁殖，是以分群（俗称分蜂）的途径来完成的。自然分群是蜜蜂延续种族生命的一种本能（图4-11、图4-12）。

（一）自然分群的因素

蜂群自然分群通常发生在春末夏初时期，秋季有时也发生。在分群季节里，并不是所有的蜂群都会分群，只是那些有了"分蜂热"的蜂群才进行分群。所谓"分蜂热"，就是有分群情绪的蜂群，在准备分群时的一些特殊的表现。不同质量的蜂王、不同的饲养条件、不同的工蜂积累数量和不同的蜂儿日龄等，都能表现出不同强度的分群情绪。发生分群的因素主要可以概括为以下三个方面。

图4-11　老巢自然分蜂王台　　　　图4-12　飞到树上的分蜂团
（薛运波 摄）　　　　　　　　（李志勇 摄）

1.**蜂群状况**　蜂群繁殖强壮，蜂王的产卵力满足不了蜂群哺育力的需要，巢内幼蜂积蓄过剩，无工作负担，这是促成蜂群发生分群的主要原因（图4-13）。

图4-13　巢内幼蜂积累过剩
（薛运波 摄）

2.**蜂巢环境**　长白山中蜂喜欢生活在宽阔的巢穴里，如果巢内窄小、没

有修脾扩大蜂巢的余地，缺乏蜜蜂栖息的地方，蜂巢拥挤（图4-14），空气
流通不畅，巢内温度高；蜜粉充塞，卵圈受压，缺少供蜂王产卵的巢脾；在
大流蜜期，缺乏贮存蜜粉的场所等。

图4-14　巢内拥挤
（薛运波　摄）

3. 气候和蜜源　温暖的气候、丰富的蜜粉源，不仅可以为原群的繁殖和
采集提供有利的条件，而且能使新分群获得繁殖时机和采集到足够生存的食
粮，极易促成蜂群发生分群（图4-15）。

图4-15　晴暖天气
（薛运波　摄）

（二）自然分群前的表现

蜂群发生分蜂热之初，工蜂积极修造雄蜂房，哺育大批的雄蜂蜂儿（图4-16），并在巢脾下缘筑造多个王台基，然后迫使蜂王在台基内产卵。随着自然王台的增多和发育，工蜂开始减少对蜂王的饲喂和照料，蜂王腹部逐渐缩小，产卵力降低以至完全停止。

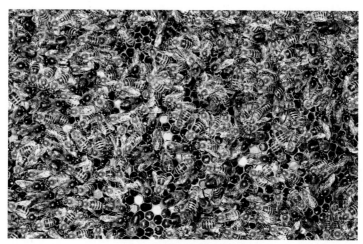

图4-16　蜂群中出现大量雄蜂
（薛运波 摄）

王台封盖后，标志着分蜂准备工作已就绪（图4-17）。工蜂工作情绪低落，外勤蜂减少，采集力明显减退，巢内出现"搭挂"、箱前挂"蜂须"的怠工现象（图4-18）。如果天气晴暖，即将出现分群行动。

蜜蜂在新分群出发前，要飞离原巢的工蜂都会吸饱蜂蜜，作为飞行途中的饲料和在新巢修筑巢脾之用。

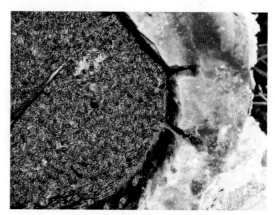

图4-17　蜂群中出现自然王台
（薛运波 摄）

（三）自然分蜂行动

自然分群多数发生在晴暖天气的9：00～16：00，特别是长时间阴雨而突然转晴的天气条件下，最容易发生分群。在开始分群时，分蜂群巢门口集

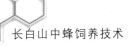

图4-18　蜂箱前蜜蜂怠工
(李杰蜜 摄)

聚许多工蜂，情绪激动，少数工蜂在蜂场上空盘旋，随即蜂量逐渐增多，继而蜂群骚动，大批工蜂从巢门口涌出，老蜂王在工蜂驱逼下一同离巢起飞。

图4-19　新巢自然分蜂王台
(薛运波 摄)

蜂群内大约有近半数工蜂随蜂王离开原巢，在蜂场附近上空旋飞，不久便在蜂场周围的树枝、篱笆或其他适合附着的物体上临时结团。分蜂群结团后，通常停留2～3h，此时少数侦察蜂便行动起来，去寻找合适的蜂巢。待侦察蜂找到建立新蜂巢的位置后，便回到分蜂团上舞蹈示意，引导蜂团飞往新家。迁入新居的蜜蜂，立即忙碌起来，泌蜡筑脾，认巢飞行，设岗守卫，饲喂照料蜂王，不久蜂王就开始产卵，一个新的群体生活从此便开始（图4-19）。留在原来蜂巢的工蜂，担负着全巢的工作，等待着新蜂王的出房、交尾、产卵。至此，原来的蜂群分为两群，完成了群体的繁殖，分群活动也告结束。

　　蜂王和群势不同，自然分群的次数也不一样。通常情况下只进行一次分蜂，但维持不了大群的蜂王以及群势特别强的蜂群，可能会接连进行两次以上的分蜂。第一次分蜂时，随着分出群飞走的是老蜂王，如果蜂群继续分群，那么第二次及其以后随分出群飞走的是处女王，并有很多雄蜂随分蜂团飞走，以便飞到新址后与处女王交配。

（四）传统木桶饲养中蜂的自然分蜂

古人在采捕蜂蜜和饲养中蜂的实践中积累了丰富的经验，一代又一代流传着，有些沿用至今。如蜜蜂在"芒种"前后分蜂，从第一分蜂群飞出之后，每过2～4天飞出1群，1桶蜂能分出3～10群。传说1桶蜂群内有几张自然巢脾就能分几群（1张脾分1群）。春天"芒种"前后分完蜂，秋天"处暑"前后还能发生分蜂，好年景秋季分蜂群也能采蜜越冬。在民间习惯于"芒种"节气前立蜂桶招收新分群，即将清理干净的蜂桶涂以蜡或蜂蜜，立于山前的树阴下或养蜂场地上。"芒种"之后，长白山区的中蜂进入自然分蜂期（图4-20），晴暖天气，有很多分蜂团到处飞奔、寻找新居，很容易被引进预先放好的蜂桶被人们收养。另一种收蜂方法是在分蜂群飞落到树上或建筑物上结团后，养蜂人用"收蜂器"将蜂收下放进蜂桶中。收蜂器有两种，一是用木板制成像锹头状的长柄收蜂器，收蜂时在板上涂以蜂蜜，将收蜂器放于蜂团一侧，并另以长杆绑上点燃的香同时靠近蜂团另一侧，蜂闻烟后即徐徐爬上收蜂器；二是用树条编成像帽头形状的收蜂器，里边涂以蜂蜡，收蜂时将其置于蜂团上部，蜜蜂自然进入，然后将收蜂器下口对着蜂桶上口用泥固定封严即成蜂群新居（图4-21至图4-23）。

图4-20　准备自然分蜂的蜂群
（薛运波　摄）

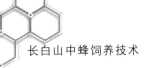

图4-21　挂在树上的收蜂器

（薛运波　摄）

图4-22　飞到收蜂器上的蜜蜂

（薛运波　摄）

图4-23 在收蜂器上的分蜂团
（薛运波 摄）

第三节 中蜂过箱

由于历史、经济、技术等原因，许多地区仍用木桶作蜂巢饲养中蜂。其管理粗放，毁脾取蜜，生产能力很低。通常每年每群蜂仅产蜜5～10kg。实践证明，改旧法饲养为活框饲养，产蜜量可提高2～5倍。实行中蜂活框饲养，首先必须将蜜蜂饲养在木桶或墙洞中的蜂群，人工迁移到活框蜂箱中，这个过程称做过箱。

一、过箱的时机和条件

为了保证中蜂过箱成功，应在蜜粉源条件较好、蜂群能正常泌蜡造脾、气温在18℃以上的晴暖天气进行。

中蜂过箱一般应在白天进行。但在老桶数量多、摆放密集的蜂场，若白天过箱会引起盗蜂，干扰过箱后蜂群的正常生活；或过箱蜂群迷巢冲击其他蜂群时，可采取夜间过箱的方法。夜间过箱时用于照明的手电应用红布包裹，以免刺激工蜂飞翔。过箱的方法与白天基本一致。但对于土仓中及墙洞中不宜翻巢过箱的蜂群，因空间大，周围环境复杂，夜晚光线不好，不易收蜂，过箱时易失王，不宜采取夜间过箱。

过箱蜂群一般应在3框足蜂以上，蜂群内要有子脾，特别是幼虫脾。3框以下的弱群，保温不好，生存力差，应待群势壮大后再过箱。如需在蜜源条件不好的季节过箱，过箱后应加强饲喂。

二、过箱所需的工具

过箱前要准备好用具，包括蜂箱、穿好铁丝的巢框、两块隔板、钉锤或小木棍、收蜂笼（或草帽）、熏烟器、草纸卷、长柄刀、小刀、剪刀、面网、蜂刷、毛巾、脸盆（装水，被蜂蜇时洗手）、绑脾用的细绳及细铁丝或橡皮筋、破成两半的竹筷子或竹签、硬纸板、桌子、装蜜脾的桶、舀蜂用的碗或长柄铁瓢等。过箱时最好用旧蜂箱，若使用新蜂箱，可点燃蜂蜡熏一下，以使蜂群安居。

三、过箱的方法和步骤

过箱时一般需要2～3人协作，才能很好地完成。由于农村老式蜂桶的取材、式样及摆放形式各异，因此在过箱方法上略有区别，但过箱的程序基本是相同的。

（一）翻巢过箱

1. 转桶脱蜂　将旧桶向前或向后移开，原地放上活框蜂箱。揭开旧桶盖，看清蜂巢里面的情况，顺巢脾平行的方向将蜂巢翻转，使脾尖朝上。接着用木棍或锤敲击蜂桶，蜜蜂受到震动，就会离脾，跑到桶的另一端空处结团，或将蜂直接驱赶入收蜂笼中（图4-24至图4-26）。

图4-24　调转蜂桶过箱
（薛运波　摄）

图4-25　蜜蜂由蜂桶爬向收蜂器
（薛运波 摄）

图4-26　木桶里蜜蜂进入收蜂器
（薛运波 摄）

2.割脾绑脾　一人右手持长柄刀，左手掌轻托巢脾，沿脾根将巢脾割下，扫去没有离脾的蜜蜂，放在木隔板上由另一人装脾。装脾前，先按巢框大小将割下的脾修理整齐，1块不够可将2～3块拼在一起。尽量保留卵虫脾和粉脾，一般情况下少留蜜脾（但在外界流蜜不好时过箱，则应尽量多留些蜜脾），切掉雄蜂脾，毁除王台。废脾放入桶内，留待化蜡。

将巢框放在修好的巢脾上面，子脾紧靠上梁内侧，用小刀紧贴铁丝画线，深度为巢脾厚度的1/2，随即把铁丝用竹筷压进脾内，此时在巢框上再另外加上一块木隔板，将两块隔板夹住的巢框翻转，去掉上面的木隔板，然后绑脾。其工作顺序是：①先切去蜜脾；②用刀在巢脾上沿巢框的细铁丝划线；③用竹签夹绑巢脾；④用硬纸片及细绳吊绑巢脾；⑤最后的绑脾方法是用塑料绳捆扎巢脾，尤其是大块的巢脾。

用塑料绳从巢框的两面兜住并将巢脾固定在巢框上，在巢框上框梁的边缘处将塑料绳抽紧并打一个活结（图4-27）。过2～3天后等巢脾被蜂蜡黏牢，此时打开活结，用手拉住塑料绳的一头往上抽出，即可轻松撤绑。还可以用竹签或半边竹筷夹绑，为使竹签或竹筷便于捆绑又不致过长，过箱前应事先将其截成合适的长度，即比上下梁之间的距离长2～3cm。绑脾时，用竹签或半边筷子从两边夹住巢脾，两端用剪短的细铁丝或橡皮筋固定。如使用塑料绳套扎，要事先在竹签同一侧的两端，分别用小刀刻出两个浅槽，这样在绑脾时绑在刻有浅槽的竹签上，可使塑料绳不致滑落，以提高绑脾的速度。

图4-27　将木桶巢脾绑在巢框上
（薛运波 摄）

对于不满巢框的小脾，则采用吊绑的方法，用硬纸板托住巢脾下端，用塑料绳或细绳固定在上框梁上。

绑好的脾，立即放入新箱内。大子脾放中间，较小的依次放两边，蜜粉脾放在两外侧，蜂路保持8～9mm。

3.抖蜂 待巢脾全部装好放入蜂箱，加上隔板后，缩小巢门。把老桶内的脾根、蜜汁清除干净。然后两人抬桶，猛力将蜂直接抖入箱内；或抖到预先铺在地上的塑料薄膜上，将薄膜迅速卷起，将蜂团倒入箱内。用收蜂笼收集的蜂团也可直接抖入箱内。抖蜂后，立即盖上箱盖（图4-28）。

图4-28 过箱蜂群
（薛运波 摄）

在过箱操作中，动作要轻快，尽量不要压死蜜蜂，时间最好不要超过0.5h，防止震散蜂团。蜂团一旦被弄散，应注意查看。发现蜂王起飞，注意观察去向，抓回蜂王。蜂王进箱后，一些工蜂会在巢门前发出蜂臭，招其他工蜂进箱。如抖入箱内的工蜂仍往箱外飞，不在箱内结团，说明蜂王仍在箱外，要注意查找工蜂结团的地方。由于蜂王是产卵王，身体重、飞不高，蜂王结团处往往在附近低矮处及地面。找到蜂王后，可连同蜂团一起收回，放入蜂箱。如割脾时发现蜂王留在脾上，应捉住关在王笼中，放在箱内，待过箱完成后，再放出蜂王。

过箱后，对洒落在箱外、地面的点滴残蜜或碎脾，应及时用水冲洗，收拾干净，以防引起盗蜂。

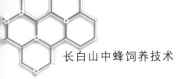

（二）不翻巢过箱

对于木仓内的或墙洞中的蜂巢，以及不能移动的蜂巢，可采用此法。

割脾前，仍然采用木棍、钉锤，在蜂巢着生的一侧，敲击震动，催蜂离脾结团。仍按翻巢过箱的方法割脾、装脾和绑脾，放入蜂箱，然后用碗或长柄铁瓢，舀蜂入箱。收蜂入箱时，也可用较大的塑料袋（透明的最好）笼住蜂团，从蜂团根部逐步收拢，将蜂驱赶入塑料袋中，再倒入蜂箱内。过完箱后，可将蜂箱暂时安放在蜂群的原址。如果不方便安放或管理，也可以每天挪动0.3～0.5m，逐渐移到适当的位置放置。

（三）借脾过箱

如果场内已有活框饲养的中蜂，根据过箱蜂群的群势，可先从中抽出

图4-29　借脾过箱
（薛运波 摄）

1～2张子脾，1～2张蜜粉脾放入蜂箱内，并将蜂抖入（或舀入）蜂箱，及时盖上箱盖（图4-29）。另将过箱时绑好的巢脾换给原活框饲养的蜂群修整。

（四）过箱后的管理

过箱1～2h后，从箱外观察蜂群情况。若巢内声音均匀，出巢蜂带有零星蜡屑丢弃，说明蜜蜂已经上脾，不必开箱检查。若巢内喧闹不止或无声音，则没有上脾，应开箱察看。若蜜蜂在箱的内盖、箱壁、箱角上结团，应用蜂刷轻扫，催促蜜蜂上脾；或将巢脾移近蜂团，让蜜蜂上脾。为防止过箱后蜂群逃亡，可在巢门前加装塑料防逃片（或多用防盗栅）阻止蜂群飞逃。

过箱后的第2天下午，可开箱快速检查，查看蜂王是否存在、巢内有无存蜜、巢脾是否修补、工蜂是否护脾、有无坠脾或脾面破损等情况（图4-30）。若出现坠脾或脾面被破坏，应抽掉或重新捆绑。巢内缺蜜应从当晚起连续进行补饲。若蜂群失王，弱群应并入其他蜂群；强群及时诱入蜂王或将较好的急造王台留下。

过箱3～4天后，凡巢脾已黏牢的，可除去捆绑物；没有黏牢或下坠的，要进行矫正；不平整的巢脾要削平，使蜂路通畅，同时将箱底的蜡屑污物清除干净，以后按常规进行检查管理。

图4-30 过箱后的蜂群正常产卵
(薛运波 摄)

中蜂过箱后，不宜频繁开箱检查，不宜长时间查找蜂王，蜂路不宜过宽（超过10mm），不宜急于加脾，导致蜂少于脾，不宜过度取蜜。

需要指出的是，中蜂过箱只是迈出了中蜂活框饲养的第一步。自20世纪50年代末到60年代初大力推广中蜂过箱以来，大量事例说明，中蜂过箱后不仅能明显地提高产量，也给中蜂养殖户带来了相当可观的经济效益。但是，其中也有一定比例过箱后的中蜂状况不尽人意。如出现箱养中蜂群势变小，不如桶养中蜂；易患中蜂囊状幼虫病等，甚至有的地方出现从新箱返回老桶的情形。究其原因，仍然是过箱后饲养管理不到位，措施不正确，技术服务跟不上等。

第四节 修造巢脾和扩大箱体

一、修造新脾的条件

天气晴暖，气温比较稳定，外界有丰富的蜜粉源，蜜蜂能够采回新鲜花粉和花蜜； 蜂群处于增殖期，有旺盛的工作情绪，巢脾上出现白色新蜡，蜜蜂已感到巢脾不足；蜂群必须是有产卵王群、无分蜂热群、有卵虫群； 蜂巢内必须拥有充足的蜜粉饲料。

二、修造新脾的方法

(一) 巢础框穿线
首先检查巢框是否规格，有无偏歪现象，调整之后进行穿孔。用铁片做

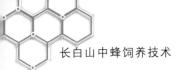
一个同巢框侧条一样大的样板，在样板中线上钻3～4个小孔。穿孔时，把样板放在侧条里侧，由里向外穿孔。然后，使用24号铁线，从巢框侧条第一个孔穿入，再通过对面侧条第一个孔拉出；接着将铁线迁回穿入第二个孔，再通过对面第二个孔拉出；又迁回穿入第三个孔，直到最后一个孔将铁丝线头固定。这时，从固定线头的第一根线开始紧线，使几根线的拉力均匀一致，接着将另一个线头固定在最后的框孔上（图4-31）。

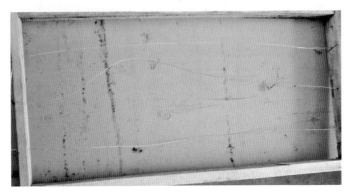

图4-31 巢础框穿线

（秦立勇 摄）

（二）往巢框中装巢础

拿过巢础片，选择边沿平整的一侧，下入巢框上梁的槽内，然后将蜡液灌入槽中4～5段粘住巢础。使巢础两侧和下部与巢框之间保留均匀一致的距离。接着进行压线。在一块相同于巢础片规格的垫板上铺一层纸，把巢础框平放于垫板上，使巢础贴伏在垫板的纸上，这时用压线器（有轮式、沟式、烙铁式等压线器），从铁线的一端拉向另一端，逐根将铁线压入巢础1/3深。巢础线两端要加一点蜡粘住，防止造脾时铁线脱离巢础（图4-32）。

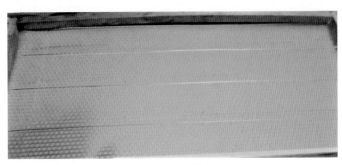

图4-32 上巢础

（秦立勇 摄）

（三）往巢础上刷蜡

巢础片安装在巢框上之后，在造脾前，把巢础两面房基刷上一层薄薄的纯蜂蜡溶液，刺激蜜蜂泌蜡造脾的情绪，加快造脾进度，造出的新脾平整，质量较好。

（四）往蜂群加巢础框

在傍晚气温较低时加给蜂群，不要在中午气温较高时加巢础，以防巢础受热变形。一般蜂群每次加一张，放在子脾和蜜粉脾之间，当巢房修起一半以后再移到子脾中间供蜂王产卵；强群缺脾时一次可以加2～3张。但巢础框应靠近平整无雄蜂房的巢脾，否则，新脾也会修造得高低不平或有雄蜂房。

（五）加空巢框修脾

在外界蜜粉源较好时，检查蜂群可直接将空巢框加入蜂巢中，蜂路稍小些，待修造完成后，再调整蜂路。空巢框应加在浅色巢脾之间，这样中蜂修造后，蜂王便直接在内产卵，不会装入蜂花粉，形成一张完整的子脾（图4-33）。

图4-33　加脾扩巢
（薛运波 摄）

三、继箱群的饲养方法

（一）加继箱的条件

加继箱的时间在主要流蜜期前40～50天为宜。继箱加得越早，流蜜期的群势就越强。一般蜂群达到7框蜂以上、6～7张子脾（蛹脾占子脾总数的一

半以上）时就可以加继箱（图4-34）。

图4-34　活框继箱群
（薛运波　摄）

（二）继箱群饲养方法

1.继巢箱对称法　因为蜂王喜欢在继箱里产卵，所以继箱布置为产子区，巢箱布置为育虫区，即继箱放2～3张蛹脾、1张卵虫脾、1张空脾或巢础、1张蜜脾；巢箱放4～5张卵虫脾和新蛹脾、1张蜜粉脾，子脾不能用空脾隔开。这样，继箱和巢箱各有5～6张脾，巢脾在两个箱体里都靠一侧放，呈对称形。在气温不稳定的季节里加继箱时，隔板外侧的空间要加保温垫。

这种继箱群5～7天检查调整一次，要把卵虫脾和新蛹脾移到巢箱，老蛹脾移到继箱，待幼蜂出房之后供蜂王产卵。若蜂数已增长，可按当时的蜂脾关系在继箱里加脾或加巢础扩巢。继箱群的蜂路，除流蜜期适当加大以外，都应保持为8～9mm。

2.隔王板限王法　用隔王板把蜂王限制在巢箱里产卵，在继箱利于蜂蜜的生产。初加继箱时以巢脾对称法管理，待第一次检查调整时，如果蜂数已经有所增长，就可以在继箱和巢箱之间加隔王板，巢箱放3～4张卵、虫、老蛹脾和1张蜜粉脾作为产卵育虫区，继箱放2～4张虫、新蛹脾和1张蜜粉脾。

　　这种继箱群也要7天检查调整一次，要把巢箱里新封盖的蛹脾调到继箱，继箱里已经出房的蛹脾调到巢箱，产卵用的空脾加在巢箱，造脾时也要将巢础框加在巢箱。在蜜粉源条件较差的情况下，不要将虫脾调到继箱，防止弃养拖子（图4-35、图4-36）。

图4-35　木桶多层群
（薛运波 摄）

图4-36　方箱多箱体蜂群
（薛运波 摄）

第五节　饲养双王群

双王群能够利用过剩幼蜂的哺育力培育出较多的蜂儿，推迟蜂群出现分蜂热的时间。在流蜜期前积累大批采集适龄蜂，发展为强群。同样，在蜂群繁殖强度减弱的秋季，以双王群集中两只蜂王的产卵力，能繁殖成越冬强群。

一、组织双王群的时间和群势

要根据增殖蜜蜂的目的和当时的群势以及当地的蜜源情况来决定。如果组织双王群是为了让蜂群加速繁殖更多的采蜜适龄蜂，时间要在本地主要蜜源开始前35～50天进行，以保证在流蜜期前的有效繁殖期内积累采集适龄蜂。如果组织双王群是为了繁殖越冬群，要根据当地的蜜源条件而定。秋季没有主要流蜜期的地方，应在8月上旬的继箱群基础上组织双王群；秋季采主要蜜源的地方，应从春夏季开始饲养巢箱双王群或巢继箱双王群，以便在秋季边采蜜边以双王繁殖越冬蜂。组织双王群的群势，应达到6框蜂以上，利用剩余的哺育力，增强蜂群的繁殖力。

二、双王群的组织和饲养方法

（一）巢箱双王群

1.组织方法　春季将两个弱群放入隔成两区的巢箱中组成双王群。或者在培育蜂王时，有计划地利用隔成两区的巢箱放两个交尾群，待两个新王产卵之后，通过繁殖和加强，达到两区巢脾满箱时，在巢箱上面加隔王板（隔王板中间有顺式板条同巢箱中间的隔板对称，紧靠无空隙），继箱叠加在隔王板上面。巢箱双王群要选用同龄和产卵力无大差别的蜂王。当双王群群势较强时，巢门中间应隔以小木板，以防两区工蜂连接成片而导致蜂王串到一区。

2.管理方法　加继箱之前的巢箱双王群要按一般小群进行管理。两区群势强弱不均时，可通过巢门的扩大和缩小调整外勤蜂以及互换子脾的方法（换脾尤其要注意勿将两只蜂王调到一区）来解决，尽可能保持两区群势平衡。加继箱之后，要以隔王板限制两只蜂王在巢箱两区内产卵，每6天调整一次巢脾，每次调整要把巢箱两区的新蛹脾或大虫脾提到继箱，继箱已经出房的蛹脾分别调给两区供蜂王产卵。这种双王群巢箱两区容积较小，所容纳的巢脾较少，容易被蜜粉压缩子脾，务必要及时调整巢脾。

（二）巢继箱双王群

1. 组织方法　在巢箱双王群的基础上，叠加继箱时，将一只蜂王带3～4张老蛹脾和较多的幼蜂放到继箱里，巢箱和继箱之间用铁纱隔开，继箱开后巢门。在单王群基础上增加一只产卵新蜂王，组织这种双王群，要在该群已加继箱或正要加继箱时进行；继箱里放2～3张老蛹脾、1～2张蜜粉脾、3～4框蜂。放走外勤蜂之后介绍入蜂王，待蜂王在继箱里产卵3～4天后再调换老蛹脾。巢继箱双王群，在组成7～8天后，也可以把铁纱撤掉换上隔王板进行饲养。

2. 管理方法　这种双王群6～7天调整一次，初次调换子脾时不可带蜂，但组成8～9天以后对调子脾就可以带蜂了。检查、调整、换脾时，必须注意勿将两只蜂王混到一个区内。最初几次调整，以继箱的卵虫脾换巢箱的蛹脾，待继箱的群势增强。巢继箱的子脾差不多时，就各在自己的基础上繁殖到满箱。加第二继箱时，应考虑到新王产卵力强、分蜂情绪低，要优先加强。这时，巢箱里保留5～6张子脾，其余的子脾集中到加继箱的新王区内。流蜜期到来前8～10天，提走老蜂王另组成一个小群；新蜂王用隔王板限制在巢箱中，隔王板上面叠加1个继箱，组成一个强大的采蜜群。

第六节　分蜂热的控制和处理

一、控制分蜂热

控制分蜂热不能等待蜂群出现了严重分蜂热的时候再采取措施，因为此时，蜂群繁殖和采集受到的损失已经无法挽回，所以要从增殖期群势迅速增长阶段，开始控制正在形成的自然分蜂因素。

（一）利用优良蜂王

饲养适应性强、分蜂性较低、维持大群、采集力强的优良蜂种；还要利用优良蜂群培育出能够维持8张子脾以上的优质蜂王（图4-37）。

（二）为蜂王创造多产卵的条件

进入增殖期之后，要注意发挥蜂王的产卵力和工蜂的哺育力，及时加脾、加继箱扩大蜂巢（图4-38），增加蜂群的哺育负担，使产卵力和哺育力相互适应的时间能够稳定一个时期。

图4-37　饲养优良蜂王
（薛运波 摄）

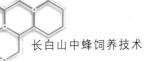

图4-38　扩大蜂巢
（薛运波　摄）

（三）进行人工分群

在蜂群发生分蜂热之前，适当地进行人工分群。当新蜂王产卵后再以新分群的卵虫脾同原群的蛹脾相互调换。这样，有计划地以原群过剩的幼蜂组成和加强新分群，不但可预防原群的分蜂热，而且能分出较强的新蜂群。

（四）饲养双王群

利用当年春季培育出来的产卵新蜂王组织双王群。一个蜂群利用两只蜂王产卵，给蜂群增加内勤哺育负担，能够加速繁殖采蜜强群，预防分蜂热。

（五）增加蜂群的工作负担

抓住外界气候和蜜源有利的时机，适时修造新脾，让过剩的幼蜂参与造脾等工作。

（六）适时改变蜂巢条件

随着群势的增长及时改变蜂脾关系（由紧到松）；及时削除自然王台，削除雄蜂蛹、控制雄蜂的生长；天气炎热时要适当扩大巢门，注意给蜂群遮阳通风（图4-39）；炎热地区和干旱季节，要在蜂箱外部洒水，并往蜂群内加水脾，提高蜂巢湿度，以便降低巢温。

图4-39　遮阳和通风

（薛运波 摄）

二、处理分蜂热

（一）给分蜂热群换虫脾

把有分蜂热蜂群的蛹脾全部提走，从新分群和弱群中换来卵虫脾，一般要达到每1 ～ 1.5框蜂分配1张卵虫脾。由于卵虫脾的突然增加，使蜜蜂投入繁重的哺育工作，分蜂热可暂时消除。

（二）给分蜂热群换空脾

若在流蜜期发生了分蜂热，可把该群子脾全部提走（也可保留卵虫脾），换进空脾和巢础，并把蜂全部抖落在巢门前，使其爬进箱内。当蜂王恢复产卵，工蜂工作情绪改变之后再分批调回子脾，防止蜂龄失调、群势衰弱。

（三）互换箱位

流蜜期可以把有严重分蜂热的采蜜群与较弱的新分群对换位置，让飞翔采集蜂进入新分群，新分群适当地加脾，成为采蜜群。

第七节　蜂群转地饲养

一、布置蜂巢

（一）夏季转地

蜂群的群势、子脾、蜜脾、粉脾等要根据当时的季节情况，确定数量标准以及调整、平衡措施。此外，因为小转地的蜂群强群较多，要做好通风、

防止伤热的准备，蜂箱里要保留一定的空间，继箱群放12～14张脾，平箱群放6～7张脾。炎热天气转运，每群要灌几张水脾，以利于蜂群饮水和降温散热。蜂箱必须有对流的通风设备，即上有纱盖、下有纱底或侧有纱窗，大盖前后要有较大的气门，大盖同纱盖要有一定的空间。没有通风设备的蜂箱不可勉强使用，防止伤热闷死蜂群。

（二）春秋季转地

在春秋气温较低的季节里转运蜂群，与气候炎热的夏季要有所区别，要符合蜂群繁殖保温的需要。

春季的蜂群还不很强壮，巢内子脾较多，要按当时的原蜂路进行包装，不要加宽，以保证工蜂在低温时能够密集护脾。通风设备要根据当时蜂群和气温情况调整，在气温较高或群势较强时，打开纱底挡板，揭去覆布；在气温不高或群势较弱时，可以不开纱底挡板，只揭开覆布。

秋季运蜂，要把巢内子脾集中于巢箱包装，其余的脾放在继箱包装，通风也要根据气温、群势而定。强群在热天运输仍要加强通风、防止伤热；弱群在低温条件下运输也要缩小通风面积，防止冻伤子脾。

二、包装蜂群

在转运前要仔细检查蜂箱，修补漏洞，以防运输途中往外跑蜂。巢框之间要使用距离夹或包装器紧紧固定；也可在箱外两侧箱壁上对着每个巢框的位置钉上铁钉，进行箱外包装。包装完巢框之后，在箱上口钉牢纱盖，在继巢箱间的两侧呈八字形钉上4根连接带（或使用继巢箱连接器），使其固定为一体。

在转运前的晚间关闭巢门，根据气温和群势、运输时间确定是否打开纱底或纱窗，取下覆布。

三、运输蜂群

（一）汽车运蜂

一辆7米长的汽车车厢可以装150个继箱群。装车时一箱紧靠一箱地垛满车厢（3个继箱群高），蜂箱横放顺放要根据车厢所容纳的体积来决定，最好巢门向前或向后。装好之后要用绳子将每一行的蜂箱用吊扣绑紧，保证途中安全运输（图4-40）。

长途运输中蜂时，尽量不选择噪声和震动声较大的农用拖拉机，这样运输蜂群转场后容易飞逃。

图4-40 运输蜂群
（薛运波 摄）

（二）小型车辆运蜂

短途运蜂常用小型拖拉机、畜力车等运蜂，既灵活又方便，适合于小蜂场和业余养蜂转地。装车方法基本与汽车相同，要摆平放牢，不可装得太高，装卸时尽量使车的前后重量保持平衡，以免较重的一头蜂箱坠下而翻落。装完之后，要用绳捆绑牢固，防止行驶途中因颠簸而使蜂箱坠落。

用畜力车运蜂要稳行，注意安全，装车前要反复检查蜂箱，堵严漏洞，严防蜜蜂钻出箱外蜇畜惊车。万一发生惊车或翻车事故，首先要割断绳套牵走牲畜（以免蜇死），然后再处理蜂群。

第八节 蜜蜂授粉

蜜蜂授粉是近代发展起来的农业增产的技术措施，在水、肥、管理条件相同的情况下，利用蜜蜂授粉不仅可以提高作物结实率，而且能通过异花授粉增强作物的生活力，从而达到增产的目的。目前，蜜蜂授粉已发展为养蜂技术的组成部分。

一、蜜蜂为农作物授粉的发展前景

利用蜜蜂为农作物授粉增产的事实已广为人知。发达国家将蜜蜂授粉列为重要的农艺措施，养蜂不仅是为了生产蜂产品，也是为了利用蜜蜂为农作物授粉。很多养蜂者专业进行蜜蜂授粉工作，授粉效益超过养蜂收入的几十倍乃至上百倍。我国蜜蜂授粉增产技术已由试验和局部应用向大面积应用推

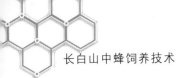

广发展。据吉林省养蜂科学研究所1986—1990年试验，蜜蜂为塑料大棚黄瓜授粉有蜂区比无蜂区增产20.9%～31.4%，蜜蜂为苹果梨树授粉比人工授粉增产18.4%～21.1%，蜜蜂为向日葵授粉有蜂区比无蜂区增产27.2%～41.5%。辽宁东港和凤城南部草莓生产区，自1994年开始应用蜜蜂为塑料大棚草莓授粉，已出现了为塑料大棚草莓授粉的专业蜂场，年收入中租蜂费3万～4万元，当地1 500群蜂参加了为2 000多个塑料大棚草莓授粉的工作，增产率为40%～100%。吉林西部向日葵生产区，每年都有数万群蜜蜂来此放养，在采蜜采粉的过程中随机为向日葵授粉，以无蜂授粉区的产量为对照，蜜蜂授粉年增产效益1亿多元。

我国有上百种农作物、牧草、经济林木等需要昆虫授粉，蜜蜂授粉是农业上成本最低的增产措施，生态效益和社会效益大。从我国的养蜂生产现状来看，蜂群分布、蜂群数量和饲养技术等都具备了为农作物授粉的条件，未来随着农业生产现代化的发展，蜜蜂授粉必将发展为重要的农艺措施和养蜂产业的骨干项目。

二、利用蜜蜂为野外作物授粉

(一) 蜂群配置

利用蜜蜂为野外作物（包括农作物类、牧草类、果树林木等）授粉（图4-41、图4-42），多结合蜂群繁殖和生产进行，为此群势多具有随机性，但也

图4-41　农田瓜类授粉

（薛春萌　摄）

要根据飞行蜂多少而定，以强群为标准，弱群要适当多放些。以每公顷为单位进行计算，向日葵1～2群、瓜类1～3群、果树2～3群、牧草2～3群、油菜和紫云英3～4群、荞麦2～4群。

图4-42　黄瓜授粉
（薛春萌 摄）

（二）**蜂群管理**

授粉蜂群适时进入授粉场地，一般应在授粉植物开花初期，不宜过晚。进入场地后要及时调整蜂群，为其创造繁殖和采集的良好条件，保持巢内饲料充足，及时加脾加巢础，扩大或更新蜂巢，适时进行蜂蜜、花粉生产，防止发生分蜂热，使蜂群保持旺盛的采集工作情绪，提高授粉效率。

（三）**蜜蜂为雌雄异株果树授粉**

蜜蜂为雌雄异株果树（如苹果梨等）授粉时，如果附近有授粉树，要将蜜蜂采回的花粉团脱下，粉碎喷洒在出巢采集的工蜂身上或打开蜂箱喷洒在巢内，使蜂体黏附花粉，以便在蜜蜂采访雌花时随机授粉。如果没有授粉树、直接使用外来花粉，除按上述方法传送花粉外，也可以在巢门前放一个浅盒，盒内装一层花粉，采集蜂出巢从盒中通过时身上自然黏附花粉粒而去，在采访雌花时即达到传送花粉的目的。

三、利用蜜蜂为保护地作物授粉

蜜蜂为保护地（温室、塑料大棚、纱网控制区等）作物授粉不同于野外授粉，要根据季节、保护地类型、面积、作物等特点利用蜂群（图4-43、图4-44）。

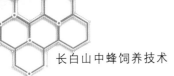

图4-43　草莓授粉

（西蜂采集，薛春萌 摄）

图4-44　网棚内外授粉试验

（薛运波 摄）

（一）授粉蜂群的配置和准备

保护地授粉蜂群一般以500m^{2}放一个4框蜂的蜂群为宜。这种授粉蜂群应提前准备，兼业授粉蜂场可利用标准箱，专业授粉蜂场应采用放6张脾的保护地授粉蜂群专用箱（图4-45）。繁殖季节每个授粉蜂群要有4张子脾，蛹脾占60%，非繁殖季节授粉蜂群的蜂数要达到4框以上，个体健康。授粉蜂群要无病害、饲料充足，每张脾保持0.5 ～ 1kg蜜。

（二）保护地授粉蜂群的管理

蜜蜂在温室、塑料大棚、纱网等控制区内飞行受到限制，蜜蜂群损失较

图4-45　蜜蜂在温室内授粉
(薛运波 摄)

大，越是较小较矮的控制区损失量越大；加上保护地授粉时间较长，群势下降较快。在保护地内饲养蜂群要在巢门经常喂水，巢内饲料蜜不足要及时补充，花粉不足要及时补充花粉脾或补喂代用饲料，保证蜂群的繁殖条件。初进保护地的外勤蜂因趋光会聚集在一起，要及时收回，并根据趋光程度调整明暗度，减少外勤蜂损失。

（三）授粉后的蜂群处理

完成授粉任务之后，蜂群要马上撤离保护地，集中放于有蜜源的场地，采取妥善方法加强或合并蜂群，防止发生盗蜂，使其恢复正常繁殖能力。

四、训练蜜蜂采集授粉作物

蜜蜂对植物的采集选择性较强，不喜欢采集一些授粉作物，为了达到授粉的目的，必须训练蜜蜂增加对授粉作物的采访。一般采用饲喂花香糖浆训练蜜蜂的方法，以1∶1的白砂糖和水加温溶解制成糖浆，冷却到25℃左右，放入提前采下的授粉作物花朵密封，使其浸泡3～5h，然后在早晨蜜蜂出勤前进行饲喂，每天喂1次，每次100g以上。受这种花香糖浆的刺激，蜜蜂便会很快飞到这种作物的花上采集授粉。

五、防止农药中毒

蜜蜂对农药十分敏感，一旦误施农药，授粉蜜蜂必然遭受严重损失，影响授粉效率，为此，在授粉期严禁施用农药。如果非施用农药不可，应提前将蜂群运到安全地区。在保护地内授粉的蜂群由于空间小，施肥、用水等都要注意对蜂群是否有影响，以保证授粉蜂群的安全和正常的授粉效果。

第五章 蜂群四季管理技术

第一节　春季管理

早春是一年四季蜂群管理的开端。从冬末排泄到外界出现对蜂群繁殖有影响的第一个辅助蜜源（东北的柳树）为早春阶段。整个早春阶段蜂群都处于恢复期，是一年当中群势最弱的阶段，是蜂群开始增殖的起点。

一、冬末蜂群排泄

正常越冬蜂群应在当地蜜源出现前的20～30天进行排泄为宜（但越冬下痢群的排泄时间应该越早越好，以减少损失）。

室内越冬蜂群选择气温7℃以上、风力2级以下晴暖天气，在11：00以前把蜂群搬到排泄场地上，单箱摆放，各箱左右距离2m，前后交叉排列距离6m以上，以防蜜蜂偏集。将蜂群陈列在场地上20min以后，蜜蜂对气温变化有了初觉，再依次打开巢门放蜂飞翔排泄。

室外越冬蜂群在外界气温达到5℃以上、风力2级以下、场地向阳无积雪时，即可撤去蜂箱上部和前部的保温物，使阳光直接照射到蜂箱上，然后打开巢门放蜂排泄。

二、处理越冬不正常的蜂群

（一）下痢群
工蜂因下痢消耗体质较差（图5-1），处理蜂脾关系时要蜂数多一些，以备工蜂过早死亡一部分之后，还能维持蜂脾相称，照常繁殖。

（二）无王群和饥饿群
要乘蜜蜂尚未大量活动之前直接诱入蜂王，或者合并入有王群。已经飞翔排泄后的蜂群，要以间接方法诱入蜂王或合并到有王群。饥饿群要马上换入蜜脾，或者在傍晚补喂饲料。

（三）弱群

如果蜂场各蜂群的群势为1～5框强弱不均时，可以用较强的蜂群将弱群补充到3框蜂（图5-2）。如果群势普遍为2～3框，可以把部分优质蜂王的弱群作为储备王群，其余全部合并，使全场群势不低于3框蜂。若低于这个标准，蜂群在当年的生产能力会很低。

图5-1 下痢蜂群

（薛运波 摄）

图5-2 弱 群

（薛运波 摄）

三、早春整理蜂巢

（一）换脾缩巢

越冬期巢内有子脾、空脾、结晶蜜脾、发酵蜜脾、发霉脾、下痢污染脾等，都要用准备好的巢脾换出来。留在巢内的巢脾若巢房高于产卵巢房应割去过高部分，以利于蜂王产卵。早春的蜂脾关系宁紧勿松，要蜂多于脾，即1.5～2框蜂放1张脾、2.5～3框蜂放2张脾、3.5～4框蜂放3张脾、5框蜂放4张脾，蜂路不超过9mm。

（二）调整饲料

早春作为繁殖基础的巢脾应是褐色脾，每张脾上要有0.5～1kg蜜，以优质蜜脾为主，无蜜脾可补喂蜂蜜或浓度比较大的糖浆。每群蜂还要有0.5～1张花粉脾。强群放面积大的粉脾，弱群放面积小的粉脾。放1张脾的蜂群，要选用既有蜜粉又有产卵巢房的巢脾，若脾上蜜少可灌入糖浆。如果使用大粉脾，只能放在隔板的外侧，里侧另放带蜜的产卵巢脾。放2张脾的蜂群，应具有1张蜜脾和1张花粉脾，脾上应有供蜂王产卵的空巢房。在脾少蜂多、补充饲料受限制时，可在隔板外保留1张蜜脾，经常削开蜜盖饲喂蜂群。

四、蜂群保温

（一）箱内保温

首要的是保证蜂巢内蜂多于脾，使蜜蜂能够密集护脾。巢脾靠蜂箱的一侧排列，另一侧放木隔板，隔板外空隙用泡沫板根据蜂群情况缩小或扩大，蜂箱的覆布上放草帘或棉垫（图5-3）。两个弱群放在一个箱内饲养，用木隔板把巢箱隔成两区，每区放一群；巢门留在两群中间隔板的两侧，巢门之间放三角木块相隔，外表是一个巢门，内里是两个巢门，外勤蜂可用巢门大小互调。

图5-3　箱内保温

（薛运波 摄）

（二）箱外保温

蜂箱的漏缝要糊严，箱底

垫干草或干树叶，箱周围以草或草帘、保温罩等覆盖，箱上部再覆盖塑料薄膜或石棉瓦等防雨材料，蜂箱外围三面保温，前面有巢门不加保温物，用石棉瓦遮风、挡雨、避光（图5-4）。蜂箱门要根据群势、蜜源、气温的变化进行扩大或缩小。

图5-4 箱外保温
(李杰蜜 摄)

五、补充饲料和水

（一）补喂饲料蜜

缺饲料蜜的蜂群要以补换蜜脾为主，没有蜜脾可将较浓的糖浆（500g糖加250g水溶化）灌脾或装入饲喂器里，放于隔板外侧让蜜蜂吸食清理。早春忌用稀薄糖浆或蜜水喂蜂，以防引起消化系统疾病。

（二）补喂花粉蛋白饲料

早春蜂群缺粉又没有粉脾补充时，可以在越冬安全的基础上晚排泄，或者排泄之后再搬回越冬室继续低温越冬，待粉源出现前夕再搬出室外。此外，可以补充饲喂自己蜂场生产的花粉或钴60照射的花粉，花粉不足可饲喂蜜蜂配合饲料或自制代用花粉（以膨化大豆粉加20%蜂花粉制成）（图5-5）。用法是以成熟蜜将代用花粉和成面糊状，搓成条，置于箱内框梁上供蜂取食。也

可将代用花粉饲料加入适量稀薄的温蜜水搅拌均匀，放 5 ～ 6h 后，再加入适量的糖粉混合成小颗粒状装入巢脾，上面抹一层成熟蜜，直接放入蜂群中供蜂清理加工，即成为花粉脾。

图5-5　饲喂花粉

（李杰銮 摄）

（三）喂水

早春气候变化无常，很多出巢采水的蜜蜂可能死于恶劣的天气。为减少这种无益的损耗，要适时给蜂群喂水。一是用巢门饲喂器喂水（图5-6），二是设公共喂水器（图5-7）：把一个底部带有水龙头的容器放在较高处，沿着水龙头处放一块钉有W形板条的木板，以水龙头控制较少水滴落在木板上，

图5-6　巢门喂水

（李志勇 摄）

图5-7　公用喂水

（薛运波 摄）

使其沿着板条缓慢流下。喂水时加入少量的不含碘食盐，以满足蜂群对盐类的需要。

六、早春扩大子圈和扩大蜂巢

（一）扩大子圈

蜂群排泄一周后，在蜂多于子脾的基础上扩大原有巢脾的产卵圈，把那些前半部产满了卵、后半部还是封盖蜜脾或者是产卵圈受到外围封盖蜜限制的巢脾，用快刀由前向后、由里向外割开蜜盖，促使蜜蜂把蜜移到巢脾的外围（巢内贮蜜过多时隔板外放1张空脾或半蜜脾，可以调解巢内饲料的余缺）。当子脾面积达到整个巢脾面积50%的时候，在蜂多于脾的前提下，每隔1张子脾前后调头加速产卵圈的扩大。

（二）扩大蜂巢

当蜂群的巢脾全部成为子脾（面积达70%以上，封盖子脾占子脾的一半以上）仍然还保持蜂多于脾时，可以加第一张脾。此时加脾要选择上部有贮蜜的三代以上的褐色巢脾，巢房过高部分用刀割去，再喷上一些蜜水，傍晚加入蜂巢的子脾外侧，待蜂王在脾上产卵，再把它移到子脾中间。

七、柳树花期的蜂群管理

北方的柳树蜜源比较丰富，以山区分布多，有多被银莲花、河柳、旱柳、白柳、黄柳等数十种（图5-8、图5-9）。一般地方，柳树在4月10日前后开

图5-8　多被银莲花
（西蜂采集，薛运波　摄）

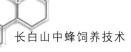

图5-9 柳 树
(西蜂采集，薛运波 摄)

花，寒冷地区4月中旬至5月上旬开花，花期20～30天。柳树适应性较强，在昼夜温差较大的高寒山区，13℃以上的晴天就可流蜜吐粉，为蜂群春季繁殖提供了第一个良好的辅助蜜源。

（一）继续扩大蜂巢

柳树花期的蜂脾关系是从早春阶段的蜂多于脾过渡为蜂脾相称。扩大蜂巢要在蜂数和子数相等的基础上进行。也就是随着新蜂出房、群势增长的速度加脾扩巢，维持蜂脾相称。天气良好，蜜粉源充足时，可以暂时脾略多于蜂（每张脾八九成蜂），增加边脾，4框蜂以下的群不加边脾，4框蜂以上的群加一张边脾，6框蜂以上的群加两张边脾，边脾贮满蜜粉要用空脾换出来暂时贮存。天气和蜜源条件不利时可不加边脾，仍保持原蜂脾关系。此期，要努力达到：每张子脾面积不低于七八成，边角巢房里贮满半圆形的蜜粉圈（图5-10），边脾上有蜜有粉，为未来增殖健壮的生产适龄蜂奠定充足的饲料基础。

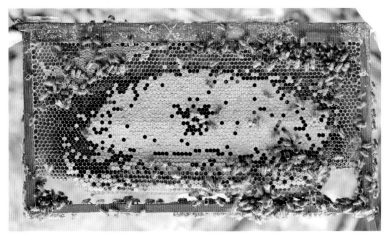

图5-10 子脾上有半圆形的蜜粉圈
(薛运波 摄)

（二）减轻花粉压缩子脾

根据天气情况利用巢脾控制蜜蜂集中贮粉，晴天扩巢使用产过1～3代子的浅色巢脾，较强的蜂群可以加新脾或巢础框。连续低温、阴雨天扩巢改用有边角蜜粉圈的褐色巢脾，同时将有粉的边脾提到隔板外侧，让蜂群消耗子脾上的花粉，利于扩大子圈，天气好转时再放回原处继续贮粉。被花粉压缩为小面积的子脾，要放在靠边的位置，以利于蜂群保温。巢门要偏向边脾的一侧，以适应蜜蜂采回花粉愿意贮存在靠巢门附近巢脾上的习性；同时，两张边脾要经常互换位置，以便于贮存花粉，减少花粉压缩子脾的机会。

（三）以强补弱、平衡群势

1. 对换子脾　从弱群提出2张小面积子脾，送入应该扩巢的较强蜂群（让强群扩大此脾的产卵圈）；换回1张即将出房的老蛹脾，此脾新蜂出房之后可加强弱群。又因以2张脾换1张脾从而减少了弱群的巢脾数，所以使弱群蜂数相对增加、子圈自然扩大（图5-11）。

2. 补充幼蜂　在外界蜜粉源条件较好时，从强群中提出幼蜂较多的巢脾将蜂抖落在弱群巢门前，

图5-11　调换子脾
（薛运波 摄）

老蜂不久飞走，幼蜂从踏板上爬进蜂巢，增加弱群的蜂数，改变原来的蜂脾关系，扩大了子圈。为了安全起见，可在抖蜂前半小时往强群和弱群放一些洋葱（或蒜）末，以便混合蜂群气味。

（四）奖励饲喂促进蜂群繁殖

一般在外界出现蜜粉源、增殖期开始加脾扩巢时，巢内有充足蜜粉的前提下进行奖励饲喂。每天傍晚用巢门饲喂器或箱内小饲喂器进行奖励饲喂，每群每次喂0.2～0.3kg糖浆（1kg糖加1.5～2kg水），也可在每次加产卵脾时将糖浆浇在脾上。外界进蜜明显，巢脾边角都贮满蜜粉时，可暂停奖励饲喂。在一般情况下要坚持奖励饲喂。

（五）预防分蜂热

正在繁殖的中等蜂群，在色木槭开花以后能够达到6～7框蜂，强群接近满箱。为此在4月下旬进行第一批人工育王，5月上旬把过剩的蜂力用到人工分蜂和组织双王群方面，以便增强蜂群的哺育负担，延缓分蜂热的发生。

第二节 夏季管理

一、林区夏季山花期的蜂群管理

东北林区不仅蕴藏着丰富的椴树蜜源，而且生长着种类繁多的木本和草本辅助蜜源植物，统称为山花。从5月初到6月中旬有几十种蜜源植物开花，蜜粉丰富，形成45～50天的山花期。

（一）山花前期

山花前期的辅助蜜源以槭树科植物为主。林区的槭树分布广、种类多，有色木槭、假色槭、拧筋槭、白牛子槭、青秸子槭、花秸子槭等许多种（图5-12）。花期在5月上旬至中旬，约持续15天，蜜粉丰富而集中。

图5-12 银忍冬
（西蜂采集，薛运波 摄）

1. **移虫育王** 当蜂群达到5～6张子脾时，要根据气候、蜜源和蜂群繁殖情况，在5月上旬进行第二批移虫育王，为夏季分蜂和组织双王群做准备。

2. **造脾扩巢** 气温正常时随着蜂王产卵的需要，4框蜂以上的蜂群，可修造新脾、扩大蜂巢，达到修一张产一张。天气不佳，仍然保持蜂脾相称，并且停止加巢础造新脾，用巢脾扩大蜂巢。

3. **调整蜂群** 在气候正常、进蜜进粉较涌的情况下，弱群加1张边脾、强群加2张边脾，暂时脾略多于蜂。贮满蜜的边脾要用空脾换出来。缺饲料要随时把贮存的蜜脾换入蜂群，没有蜜脾要及时补喂，使蜂巢内蜜粉既不严重压缩子脾，又有充足的饲料基础。

（二）山花中期

山花中期有稠李、山梨、山丁子、山桃、 忍冬、水榆等多种辅助蜜源植物（图5-13至图5-16），继槭树花之后开花，花期5月中旬至6月初，约20天，蜜粉旺盛，持续时间较长。

图5-13　皂　角
（西蜂采集，薛运波 摄）

图5-14　糖　槭
（西蜂采集，薛运波 摄）

图5-15　苗　榆

（西蜂采集，薛运波　摄）

图5-16　茶条槭

（薛运波　摄）

1.发挥新分群的作用　椴树大年，新分群在暂时保持1张蜜粉脾、1张蛹脾、1张供蜂王产卵的新空脾的基础上，每3～4天将面积达到60%以上的卵脾，抖掉脾上蜜蜂提给原群，新分群补加1张供产卵的空脾，以此类推持续到6月中旬。每个新分群可为原群提供椴树蜜适龄蜂的卵脾3～5张。在椴树小年不以采椴树蜜为主的年份，山花期要以原群的过剩蜂力，进行第二次分蜂，扩大蜂群数量；同时加速原群和新分群的繁殖。

2. 合理调整蜂群　此期蜂脾关系由前期的蜂脾相称或脾略多于蜂向脾多于蜂过渡，要在脾多于蜂的基础上加脾扩巢。当蜂脾关系已经处于平均每张脾六七成蜂、卵虫脾占60%以上时，应暂时停止加脾；等蜂数增长到每张脾八成蜂、封盖子脾达到50%时再加脾扩巢。蜂巢扩大到8～9张脾以后就不要急于加脾了，这时应以脾略多于蜂的标准加脾，为加继箱准备条件。

3. 保证饲料充足　继续进行奖励饲喂，促进椴树蜜适龄采集蜂的繁殖。务必要保证子脾边角上有0.3～0.5kg的饲料蜜，边脾上保留充足的蜜粉，缺饲料群要及时补充蜜脾或糖浆。

（三）山花后期

此期有山里红、茶条槭、山芝麻、小叶芹、唐松草、悬沟子、黄菠萝、软枣、猕猴桃等辅助蜜源植物接连开花（图5-17至图5-19）。花期6月上旬至中旬，约15天。

图5-17　唐松草
（西蜂采集，薛运波 摄）

1. 繁殖采椴树蜜适龄蜂　椴树花期临近，要抓紧利用原群和新分群的积极性，繁殖好最后一批数量较大的生产椴树蜜的适龄蜂。加继箱的蜂群加脾要稳，一般每张脾应保持七八成蜂。平箱群以山花中期加继箱以前的蜂脾关系处理，创造加继箱的条件；新分群以山花中期脾多于蜂的蜂脾关系处理。

2. 保持饲料充足　要根据蜂群里的饲料情况，把贮存的蜜粉脾按需要分配到蜂群。外界蜜源不佳时，要坚持奖励饲喂蜂群，以保证蜂群繁殖和采集的积极性。

图5-18　山里红
（西蜂采集，薛运波 摄）

图5-19　山丁子
（西蜂采集，薛运波 摄）

3.继续预防分蜂热　此期，要继续以原群的蛹脾换新分群的卵虫脾，多造新脾扩大蜂巢，注意调动蜂群的工作情绪，预防发生分蜂热。

二、刺槐花期的蜂群管理

刺槐是温带地区的主要蜜源，泌蜜量较大，花粉偏少（图5-20）。由于各地气候不同，花期差别很大，东北和西北5月中下旬或6月上旬。一般地区花期10～15天，山区刺槐受不同海拔高度和小气候的影响，交错开花，花期超过20天。

（一）刺槐场地的利用

采刺槐蜜要选择刺槐面积较大的场地，树龄应多为泌蜜量较大的8～20年，树木枝叶繁茂，无病虫害。从刺槐流蜜情况来看，山区好于平原区，背风区好于迎风区，温度偏高的地区好于温度偏低的地区。由于刺槐花粉偏少，放蜂要选择附近有紫穗槐、苦菜、山花等辅助蜜粉源充足的场地，为保持蜂群群势和繁殖下一个花期的适龄蜂补充粉源条件。

图5-20 洋 槐
（西蜂采集，薛运波 摄）

（二）繁殖和生产措施

1. 组织采蜜群　刺槐花期时间短、流蜜涌，需要繁殖9框蜂以上的采蜜群才能发挥优势。流蜜期达不到采蜜群标准的要及时组织，如果时间处在流蜜期之前，可采取集中蛹脾的方法组织采蜜群；如果时间处在流蜜初期，可以1/3的蜂群为繁殖群，2/3的蜂群为生产群，以繁殖群的部分蛹脾和蜂加强生产群，增加生产群的采集力；在粉源充足的条件下，蜂群强壮可以组织新王采蜜群，但新王必须在流蜜初期开始产卵。

2. 维持正常繁殖　刺槐花期由于蜜涌粉少，采集蜂消耗较快，特别是流蜜后期群势下降幅度大。为此，在流蜜期要利用辅助粉源，结合生产加强繁殖。

（1）繁殖　在原有子脾的基础上，把子脾集中起来形成繁殖区，调进优质空脾供蜂王产卵，努力稳定或延缓子脾下降的速度。

（2）控制分蜂热　此期除以常规措施控制分蜂热以外，通过调换幼虫脾增加蜂群工作量等途径控制分蜂热。

（3）造脾　刺槐花期蜂群泌蜡积极性高、造脾快、质量好。蜂王喜欢在新脾上产卵，但此时大群易修雄蜂房，又易在新脾上贮蜜。因此，采取小群始工、大群完成的方法，即将新脾放在小群中修成1/3巢房之后，傍晚再移到大群里，在蜂王产卵的过程中工蜂继续加高巢房。

（4）**补充子脾**　对于子脾偏少的采蜜群，要以小群和子脾较多的蜂群的虫脾补充，使采蜜群保持4～6张子脾。

（5）**换王**　利用贮备蜂王或在本花期前培育的新蜂王，换掉产卵力衰退、不维持大群的蜂王，增强蜂群的繁殖力。

3.**生产蜂蜜**　刺槐蜜为上等蜜，在生产过程中要保证质量，生产单一花种蜜。刺槐开始流蜜，即应进行"清框"，以后，根据进蜜情况，以生产成熟蜜和储存封盖蜜脾，或生产巢蜜。

4.**刺槐蜜歉收年**　在刺槐初花阶段，要注意观察开花流蜜情况和气候情况，如果受气候或其他因素影响，刺槐蜜歉收，管理措施要转向以繁育为主、采蜜为辅，加强繁殖措施。此时，更要注意粉源，若粉源缺乏，应马上转入有粉源的地方进行繁殖，避免出现蜜歉蜂衰的被动局面。

（三）刺槐蜜后期

刺槐花期因为进蜜较快、取蜜紧张、转地频繁，尤其是以采蜜为主的丰收年，往往蜂巢混乱，蜂群繁殖受到影响，所以后期要抓紧全面整顿蜂巢，集中子脾，子脾多和子脾少的蜂群要继续平衡，群势衰弱的要及时撤去多余的空脾和箱体，密集蜂巢，使脾略多于蜂。巢内要留足繁殖或转地的全部饲料，在以繁殖为主的前提下再抽取多余蜜脾，并且要缩小巢门预防盗蜂，保持蜂群的正常秩序。

三、椴树花期蜂群管理

椴树是东北林区的主要蜜源，流蜜量较大（花粉较少），素有"蜜库"之称（图5-21、图5-22）。椴树分紫椴和糠椴，多分布于阔叶混交林里，由于

图5-21　成片椴树蜜源

（薛运波　摄）

品种不同和生长的地理条件不同，开花期差异较大，始花期6月下旬至7月上旬，流蜜期7月上中旬。花期时间：丰收年30多天，歉收年20～25天。

（一）椴树场地的利用

椴树大小年现象是针对总体状况而言，就某一局部地区来看，在丰收年也有歉收的地方，歉收年也有丰收的地方。一般因受小气候影响，干旱年低山区丰收，高山区歉收；冻灾年山上丰收，山下歉收；虫灾年受灾区歉收，未受灾区丰收；椴树花期降雨多的年份，少雨区产量高，多雨区产量低。

稳产的场地是在深山区和浅山区之间的阔叶混交林，这里椴树品种复杂，树龄差别较大，

图5-22　紫椴蜜源
（薛运波　摄）

并有草本蜜粉源植物配合（图5-23、图5-24）。这种场地虽然不一定经常高产，但却很少绝产，多数年份有产量。同时，由于椴树花期不缺花粉，利于蜂群正常繁殖，不仅能够生产蜂蜜，而且能够为秋季花期保持生产群势。采椴树蜜的蜂群密度不宜过大，间隔1.5～2km放60～80个群，如果过于密集，势必造成人为减产，缺粉蜂衰。

图5-23　蜜蜂采集紫椴蜜源
（西蜂采集，薛运波　摄）

图5-24　糠椴蜜源
（薛运波　摄）

（二）组织采蜜群和整顿蜂巢

1.组织采蜜群的时间　组织采蜜群的工作应该在椴树开花前8～10天进行，为此，要抓准椴树的开花期。以长白山区的椴树花期为例，开花最早年6月18日，开花最晚年7月7日（受小气候影响，地区间存在差异）。推测花期，一是根据现蕾时间，一般紫椴现蕾40～45天开花；二是根据辅助蜜源植物开花时间推测，如山里红开花18～20天后紫椴开花。正常年，繁殖椴树花期适龄采集蜂的工作到6月下旬结束（具体时间要根据推测的花期计算），随即向组织采蜜群的工作转移。

2.组织采蜜群的方法　椴树花期虽然较长，但流蜜盛期比较集中（始花10天以后进入盛期），如果再受气候影响，盛期的时间就更短了。要想在有限的流蜜期内取得椴树蜜的高产和稳产，除繁殖健壮的适龄采集蜂之外，就是抓准始花期适时组织采蜜群（图5-25）。

椴树流蜜期在蜂群普遍强壮的情况下，适合组织"原巢采蜜群"。蜂群的群势达不到采蜜群的标准，适合采取集中蛹脾组织采蜜群和集中外勤蜂组织采蜜群的方法。

3.整顿蜂巢　临近流蜜期时要调整蜂巢。采蜜群蜂巢的调整方法：把新蛹脾、虫脾、卵虫脾及蜂王安排在巢箱，继箱中放老蛹脾及空脾，供蜂群贮存花蜜。流蜜期的蜂路：巢箱为8～9mm，继箱一般为10～11mm，缺脾时可扩大为12mm，以便加深巢房，增加贮蜜量。新分群和弱群经过联合组织采蜜群，被撤走蛹脾或者调走外勤蜂，群势更加衰弱。这些群要保留3框蜂以上，作为繁殖群来管理。注意适时加脾扩大蜂巢，加速在流蜜期中的繁殖。

图5-25　采蜜继箱群

(薛运波 摄)

(三) 生产椴树蜜

1. 清框　蜂群进蜜4～6天后，进行第一次摇蜜，把巢内为数不很多的存蜜摇出来。此时摇蜜的目的不在于"抢蜜增产"，而是为了把蜂群中过去贮存的杂花蜜清出去。此后采进来的椴树蜜没有其他蜜掺杂，便于分花取蜜，提高椴树蜜的纯度。同时，通过初次摇蜜，蜜蜂在清理巢脾上残余蜂蜜的过程中受到刺激，增强采集的积极性。

2. 生产蜂蜜　椴树蜜为上等蜜，在生产过程中要保证质量，生产单一花种蜜。"清框"以后，根据进蜜情况，以生产成熟蜜和储存封盖蜜脾，或生产巢蜜。

流蜜期摇完蜜的空脾要放于继箱的两侧继续贮蜜（平箱群放于子脾两侧），有花粉的巢脾放于巢箱，白苔脾（新脾未产过子已经贮蜜）和老脾、次脾放于继箱或巢箱两边，待流蜜期结束缩小蜂巢时再撤出去。

3. 保持蜂群不断虫脾　摇蜜时要注意使每一个蜂群都有1～2张卵虫脾，多的和少的要互相调换、互相补充。这样做的好处：一方面调整和平衡了内勤蜂的负担，另一方面能维持蜂群在流蜜期万一失王以后的工作情绪（图5-26）。

4.造脾 巢脾不足，要在流蜜前期加巢础造新脾，到了盛期就要停止造脾，使蜂群集中力量采蜜。

5.加强蜂巢的通风散热 按群势适当打开蜂箱的通风设备（如纱窗或大盖气门等），低温时随即关闭；蜂箱上面覆盖以草帘、树枝等遮阳物，以降低阳光直射而造成的高温；巢门也要随着气温高低、蜜源好坏、群势强弱及时扩大或缩小，以利于工蜂采蜜出入和空气对流。

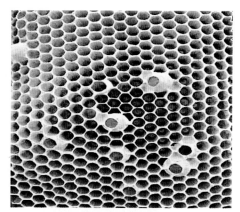
图5-26 失王群急造王台
（薛运波 摄）

6.及时解除分蜂热 椴树流蜜前期蜂群容易发生分蜂热（图5-27），若不及时处理，必然导致怠工而降低产蜜量。因此，进入流蜜期时，要检查蜂群的工作情绪，对于有分蜂热的蜂群，应以换进空脾的方法解除分蜂热，及时把蜂群的工作情绪调动起来，使之投入流蜜期有效的生产中。

（四）椴树流蜜后期的蜂群管理

在流蜜后期逐渐由采蜜向繁殖转移，为下一个流蜜期或繁殖期做好准备。椴树开花15～20天后，要把控制

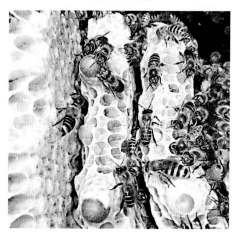
图5-27 自然分蜂王台
（薛运波 摄）

蜂王产卵的措施解除，集中子脾布置产卵区，每次取蜂蜜都要往产卵区增加1～2张取完蜜的优质空脾，被蜜压缩了的卵虫脾将蜜清除之后再放入产卵区继续扩大子圈。缺花粉的蜂群要及时调整补充，失王群要及时介绍产卵蜂王，子脾多和子脾少的蜂群要相互调整平衡。尽快把取蜜造成的蜂巢混乱现象调整过来，使每个蜂群都有条件进行繁殖。

后期取蜜要保留一定数量的饲料蜜，继箱群5～6kg、平箱群3～4kg，为转地或下一个繁殖期奠定饲料基础。如果椴树蜜后期严重缺粉，应提前转往有粉源的场地。

（五）椴树蜜歉收年蜂群管理要点

1.蜂巢中的蜂蜜要多留少取 继箱群要保持有5kg以上（平箱群3kg以

上）的存蜜基础，再取出多余的蜂蜜，不得全群取光。

2.集中子脾恢复繁殖区　按繁殖期的需要集中布置子脾，及时增加优质空脾供蜂王产卵，增加繁殖措施。应解除限制蜂王产卵的措施，充分发挥蜂王产卵的积极性。

3.无王群要及时介绍产卵蜂王　若新蜂王采蜜群的处女王质量较差或尚未产卵，应及早废除，再诱入产卵蜂王，使其恢复正常的繁殖。对保留的新王采蜜群，应调入虫脾，缩短断子期，促使新蜂早日接续上来。

4.调整子脾　繁殖群低于3张子脾的要用蛹脾补充，争取达到4～5张子脾，增强繁殖力，为下一个流蜜期的采集和繁殖创造条件。

5.保证蜂群花粉充足　遇粉源稀少或将要缺乏等客观条件时，应立即转向有粉源的秋蜜场地，千万不可勉强维持，防止因缺粉影响繁殖而削弱群势而导致秋衰。

第三节　秋季管理

一、胡枝子花期管理

胡枝子（梢条、杏条）是东北山区和半山区秋季的主要蜜源（图5-28）。这个花期以胡枝子为主，在初期和后期还有数十种野草、农作物等同时开花，构成一个蜜粉丰富的胡枝子花期。正常年份，从7月下旬陆续开花，8月上旬流蜜，中旬进入盛期，下旬进入后期。这是东北山区和半山区最后一个蜜源。因此，本花期管理蜂群的重点不仅是增产蜂蜜，更重要的是为安全越冬准备强壮的蜂群和优厚的饲料条件，给下一年打下坚实的生产基础。

图5-28　胡枝子
（薛运波 摄）

（一）胡枝子花初期

山区、半山区的蚊子草、轮叶婆婆纳、落豆秧、柳兰等许多种草本植物（图5-29至图5-33），从7月下旬陆续盛开，8月初胡枝子进入初花阶段。此期，蜜粉良好，花粉尤为丰富；气温较高，昼夜温差较小，但有时降雨集中，影响蜂群采集。

图5-29　柳　兰
（薛春萌 摄）

图5-30　轮叶婆婆纳
（西蜂采集，薛春萌 摄）

图5-31　蚊子草
（薛运波 摄）

图5-32　空心柳
（西蜂采集，薛春萌 摄）

图5-33 落豆秧
（薛运波 摄）

1．整理蜂巢

（1）小转地的蜂群 此时入场的继箱群应当达到8框蜂以上、5～6张子脾，这样的蜂群不但能够贮存越冬蜜脾、生产商品蜜，而且还能繁殖出健壮的越冬适龄蜂。平箱繁殖群也应达到6框蜂以上、4～5张子脾，以便在新的蜜粉源环境里发挥繁殖作用。要按着蜂群的具体情况，抓紧群势的调整和平衡，子脾较少的弱群应及时补充到繁殖群的最低标准；饲料不足的蜂群要适当补充或者从贮蜜较多的蜂群调蜜脾，多余的空脾暂时撤出来；无王群及时介绍蜂王或合并入有王群，不要拖延无王期而耽误繁殖或生产。

（2）定地饲养的蜂群 要根据蜂群的具体情况，在流蜜期到来之前组织采蜜群。如果蜂群普遍低于7框蜂，应以集中蛹脾带幼蜂联合组织采蜜群或临时集中外勤蜂的方法组织采蜜群。

（3）蜂脾关系 此期的蜂脾关系不应过松，要保持每张脾不低于八成蜂，以保证拥有过剩的蜂力哺育蜂儿，促使蜂群从本期一开始就维持面积整齐、比较密实、与蜂数相应的子脾基础，以达到育子出房率高、群势稳定，适应秋季留蜜脾、生产蜂蜜、繁殖越冬蜂的需要。

2．抓紧造脾 在工蜂采蜜采粉日趋旺盛的情况下，要及时给蜂群添加巢础，充分发挥流蜜前期蜂群泌蜡造脾的积极性。此时造脾供给蜂王产卵，不但补充了被蜜粉压缩了的子脾数，而且因为使用产过一代子的新脾培养出来的工蜂体大健壮，对以后培养越冬蜂具有重要意义。因此，在胡枝子流蜜前

期要采取撤去空脾的方法抓紧造新脾，每群增加2～3张新脾，争取造一张产卵一张，为越冬蜂繁殖期增加新脾上的第二代蜂儿。

3. 培育蜂王　此期所处的气候、蜜源、蜂群条件都有利于培育优质蜂王，要利用强群培育一批蜂王。待新王在交尾群中产卵多日以后，利用它更换老劣蜂王，为繁殖越冬蜂和下一年的蜂群繁殖创造有利的条件。

4. 加强蜂群通风散热　气温较高的天气，要注意给蜂群遮阳降温，打开通风设备散发巢内热量，减轻高温给蜂群造成的负担，提高蜂群正常繁殖和采集的效率。

5. 预防蜜蜂中毒　在气候反常、胡枝子蜜歉收、外界缺乏蜜源的情况下，往往蜜蜂易采有毒植物（小藜芦等）和甘露蜜，发生中毒死亡；有时受农田施药的影响，也会出现蜜蜂中毒现象。为此，要加强预防工作。

（二）胡枝子花盛期

8月上中旬是胡枝子盛开时节，正常年进入流蜜盛期。此期天气炎热、有时干旱、流蜜情况较好，也有时秋雨连绵而影响胡枝子流蜜和蜂群的采集。

1. 贮存蜜脾、繁殖两不误　胡枝子蜜很不稳产，在流蜜盛期要根据流蜜情况，首先贮存越冬蜜脾，然后再进行取蜜。如果此期气候不利、秋蜜没有丰收的希望，就不要取蜜，全部贮存蜜脾作为越冬饲料。如果气候正常、进蜜较好、有丰收的趋势，在留足越冬蜜脾和来年春季繁殖用的半蜜脾、蜜粉混合脾的前提下进行取蜜，要侧重取不适合越冬用的新脾上的蜜和被压缩的小面积子脾上的蜜。努力保持子脾个数不减少、子脾面积不缩小，以达到贮存蜜脾、取蜜、繁殖三不误的目的。

2. 贮存蜜脾和粉脾的方法　贮存蜜粉饲料应选用巢房整齐、使用过1年的褐色脾，以便未来能作为蜂群繁殖期的产卵用脾。

（1）继箱群贮存蜜脾　一般继箱群可把贮蜜的巢脾放在继箱两侧边脾位置上，根据进蜜速度每次放进2张脾（可以使用被蜜压缩为小面积的蛹脾，当幼蜂全部出房即为蜜脾），待贮满蜜时在它的里侧再各调进1张脾继续贮蜜。加隔王板的继箱群，把蜂王限制在巢箱里产卵，继箱里放2张蛹脾和2～3张贮蜜专用脾。调整蜂巢时，要将巢箱里的新蛹脾调到继箱，继箱里的原蛹脾幼蜂已经出房，尚有空巢房能够继续产卵用的要调到巢箱，已经贮满了蜜的留在继箱作蜜脾。花粉压缩子脾时和贮蜜占用子脾时，以造新脾供给蜂王产卵来补充子脾数。当蜜脾贮蜜的巢房达到80%以上封盖时可撤出，放在空蜂箱里置于凉爽的室内保管。

（2）平箱群贮存蜜脾　要根据蜜源和群势情况分别利用。在蜜源较好的情况下，巢脾已经满箱的平箱群可以加继箱（不加隔王板），把巢箱里的蜜脾提到继箱，原位加空脾，继箱里放4～5张脾贮蜜。若是巢脾不满箱时，可以把空脾加到原边脾外侧贮蜜，封盖蜜脾可暂时置于隔板外侧。无论采用哪种形式贮存蜜脾，都不应打乱蜂巢应有的布局而影响正常的繁殖。

（3）贮存花粉脾　胡枝子和杂花期花粉较为丰富，要多贮存一些花粉脾，供来年早春蜂群繁殖使用。贮粉的巢脾要放在巢箱边脾位置（有些子脾被花粉严重压缩可调到边脾位置，待幼蜂出房后贮上花粉即成为粉脾），贮满花粉的巢脾应提到隔板外侧，原位置再加1张褐色空脾继续贮粉。在后期紧缩蜂巢时，将花粉脾撤出妥善保管。

3. 继续为繁殖越冬蜂平衡群势

（1）在繁殖越冬蜂之前，适时地利用强群的蛹脾加强弱群是很有价值的。强群撤走1张蛹脾，再加上1张空脾或巢础，蜂王产卵后仍可补充应有的（越冬蜂）子脾数；弱群被加强的蛹脾出房之后，蜂王接着产卵仍然保持这张子脾。这样既增加了哺育越冬蜂的工蜂，又增加了繁殖越冬蜂的子脾数。

（2）对于子脾少、蜂数少的弱群，要以强群的幼蜂和老蛹脾来补充；对于子脾个数多、面积小的弱群，要以2张小面积子脾同强群换1张大面积蛹脾，改变其蜂脾关系，扩大子脾面积；对于蜂数少的弱群应补充以幼蜂（在外勤蜂忙碌采集时，将应补给弱群的蜂抖落在其巢门前，使幼蜂自己从巢门爬入弱群，老蜂自然返回原群），使其迅速得以加强。

（3）此期要尽可能使蜂群平衡在4张子脾以上，形成繁殖越冬蜂的群势基础。极度衰弱的小群，没有力量补充强壮，应及早合并，使之达到繁殖越冬蜂的群势。切不可只顾群数忽视群势而造成弱群难于越冬的局面。所以说，对于弱群，这时实行早加强、早合并的措施，其效果要比被迫在越冬之前合并好得多。

（三）胡枝子花后期

8月下旬胡枝子花期将要结束，但此时还有兰萼香茶菜、地榆、香薷和菊科等继续开放（图5-34至图5-37），流蜜量虽然较小，但花粉丰富，对蜂群最后阶段的繁殖十分有利。直到9月上中旬初霜以后花期结束，全年采集期终止。

1. 繁殖好最后一批越冬蜂

此期是东北地区繁殖越冬蜂的最后阶段，也是养蜂生产不可忽视的关键时期之一。要力求在前一阶段贮存蜜脾、摇蜜、繁殖以及治螨的基础上，抓紧蜂群最后阶段的繁殖。蜂巢内的全封盖蜜脾和空脾要及时提出去，或者贮放在继箱中，逐渐把子脾集中在巢箱内。面积

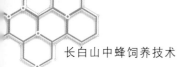

小的放在两侧，面积大的放在中间，每张子脾上应保持有500g左右的边角蜜。此期蜂巢内不加空脾、不造新脾、不采取扩大蜂巢的措施，保持蜂路为8～9mm，尽可能使蜂密集护脾，在现有子脾的基础上继续繁殖越冬蜂。

图5-34　蓝萼香茶菜
（薛运波 摄）

图5-35　白花地榆
（西蜂采集，薛运波 摄）

图5-36　香　薷
（西蜂采集，薛春萌 摄）

图5-37　山马兰
（薛春萌 摄）

　　2.加强蜂群局部保温　8月末、9月初要进一步促使蜂巢密集，达到蜂脾相称。撤去继箱和空脾，暂时撤不了继箱的蜂群，将覆布斜盖在继箱、巢箱之间，使之露出两个盖不着的箱角作为继箱、巢箱间的通路，这样既利于蜜蜂在低温时密集在子脾上保温，又便于蜜蜂在气温较高时回到继箱的巢脾上栖息。同时，要把蜂箱放到铺有干草的地上，箱底周围包一层草，草外边再培以6cm高的一层土。覆布保温较差的蜂群，要加盖两层报纸，做好箱外的局部保温。巢门要适当缩小，减少开箱检查蜂群的时间，防止引起盗蜂。尽力保障最后一批子脾的正常发育。

3.解除生产措施　一般丰收年，胡枝子花期结束后要停止取蜜（切不可因为杂花一时进蜜情况良好而盲目动摇蜂群内的饲料基础），使蜂群在缩巢的过程中解除生产措施。

二、向日葵花期的蜂群管理

向日葵是东北地区秋季主要蜜源，花期较长（图5-38）。吉林、黑龙江7月中旬至8月中旬开花。辽宁、内蒙古8月上旬至9月上旬开花。向日葵花期蜜涌粉盛，具有繁殖蜂群和生产蜂蜜的双重条件。对定地饲养的蜂群来说，向日葵花期是当地最后一个主要蜜源，既要安排好蜂群的生产，又要抓紧繁殖越冬蜂，留足越冬饲料；转地而来的蜂群，已经历了几个流蜜期，时值一年繁殖的后期，应将繁殖和生产两者兼顾起来。

图5-38　向日葵
（西蜂采集，薛春萌 摄）

（一）向日葵花前期

向日葵花期正值高温多雨季节，有时受干旱或阴雨气候影响，流蜜不正

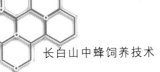

常，但在一般情况下都能取得一些产蜜量。从生产蜂蜜的趋势来看，要比胡枝子花期稳。为此，前期应以生产为主，后期取蜜造脾促进繁殖，保持蜂群的强壮基础。

1. 准备采蜜群　定地饲养的蜂群要在流蜜期前集中蜂力组织采蜜群；转地而来的蜂群要抓紧调整蜂巢，处理偏集群和失王群，把采蜜群调整到8框蜂以上，不低于5张子脾；繁殖群的群势也不要低于5框蜂、4张子脾，为在本花期中边生产边繁殖奠定较强的蜂群基础。

2. 取蜜　向日葵花期进蜜较快，要根据进蜜情况和保证蜜的成熟度，在天气正常进蜜较好的情况下，可以把巢内大部分封盖蜜取出去（但不得取光）。天气不佳、流蜜不正常时，要少取蜜，适当保留一些饲料蜜。取蜜时不要打乱子脾的布局，务必保持子脾集中。每次取蜜要选择优质巢脾加入子脾中间供蜂王产卵，扩大产卵脾。力争在取蜜的过程中，保障蜂群繁殖的有利条件。

3. 造脾　抓紧造新脾供蜂王产卵，补充被蜜压缩了的子脾，以保证子脾数量不减少而有所增加，子脾面积不缩小而有所扩大。

4. 育王　此期是秋季育王的较好时机，定地饲养的蜂群和小转地的蜂群都要有计划地培育一批优良的新蜂王，更换蜂群中的老劣蜂王，为繁殖越冬蜂及来年生产准备产卵力强的蜂王。

5. 散热和喂水　炎热天气要注意给蜂群遮阳、通风、散热，按天气和蜜源以及盗蜂的情况扩大或缩小通风设施和巢门，并且要坚持给蜂群喂水。特别是干旱季节或缺乏水源的地方，更要注意给蜂群喂水。必要时，适当给蜂群加水脾，满足蜂群饮水和降温的需要。

6. 预防农药中毒　此期有时因农田菜地施用农药而发生蜜蜂农药中毒的情况，要加强调查，做好预防措施。

（二）向日葵花后期

当大面积的向日葵盛开以后，向日葵花期即逐渐进入后期阶段，往往同时受气候变化的影响，流蜜强度有所减弱甚至有时停止，加上受取蜜的影响，盗蜂明显增加。此期蜂群管理除了继续实行前期的有关措施之外，还要注意以下几点：

1. 改变取蜜措施　此期取蜜要根据天气情况进行，若遇寒潮应停止取蜜，不要动摇巢内的饲料基础。在天气良好、流蜜正常的情况下，定地饲养的蜂群要"留取结合"，每群留3～4张封盖蜜脾作为越冬饲料，其余蜜可以适当取出来。最后阶段要压满子脾上的边角蜜，以保证繁殖越冬蜂的饲料条件。

2. 调整群势　就地越冬和转往杂花场地的蜂群，要注意平衡繁殖越冬蜂的群势和调整子脾基础。及时把生产群同繁殖群平衡起来，增加弱群的繁殖能力。

3. 蜂脾关系　此期蜂脾关系随着蜜源的减少逐渐由脾多于蜂转为蜂脾相称，停止造新脾，撤出多余空脾，把子脾集中于巢箱，加强局部保温，在现有子脾的基础上进行繁殖。

4. 预防盗蜂　向日葵花期的流蜜特点是在晴暖无风的上午泌蜜较好，下午或低温天气泌蜜较差，易起盗蜂，一旦蔓延不易制止。为此，摇蜜时要在防盗蜂的条件下进行，要根据天气和进蜜情况调整巢门。好天气进蜜正常，适当扩大巢门；坏天气进蜜差，要及时缩小巢门。低温、易起盗蜂时间不要开箱检查；巢内保持充足的饲料，减少蜂群作盗机会。

三、林区秋季山花期蜂群管理

林区椴树花期过去之后，靠零星辅助蜜源繁殖蜂群。采伐迹地面积大的地方和具有较多草本植物的地方辅助蜜源较为丰富，有时能够贮存足够的越冬饲料甚至有所盈余（图5-39、图5-40）。但多数地方一般年景只能为蜂群的繁殖提供蜜粉饲料。

图5-39　紫穗槐
（西蜂采集，薛春萌 摄）

图5-40　益母草
（西蜂采集，薛春萌 摄）

（一）抓紧复壮蜂群

1.整顿蜂巢　椴树花后期已经恢复繁殖期蜂巢的基础上，要继续适当密集蜂巢（每张脾七八成蜂），撤出空脾，子脾集中于蜂巢中间，两侧放优质巢脾供蜂王产卵。扩大繁殖区，按繁殖期的管理措施及时给继箱群上下调脾，注意调整平箱群巢脾的排列位置。饲料多的蜂群要同饲料少的蜂群相互调整补充，普遍缺饲料时应补加蜜脾或进行补喂，为复壮蜂群创造一个良好的蜂巢条件。

2.合并弱群　一般情况下，在这种场地复壮蜂群是有限度的，弱群在短时间的繁殖当中复壮速度缓慢，难于增强群势。因此对低于4张子脾、不足3框蜂的弱小蜂群应及早合并（也可以把弱群合并入强群组成双王群繁殖越冬蜂）。此时合并能够增强弱群的抗逆能力、提高哺育力，对繁殖健壮的越冬蜂有利，对安全越冬有利。

3.修造新脾　在蜜粉源较好的情况下，可以根据蜂群繁殖的需要，在7月末、8月初适当造脾，为蜂群扩大子脾范围而增添新脾，促进繁殖。在8月中旬以后，若蜜源处于一般情况时应停止造脾；若蜜源情况良好、群势较强，还可以少量造脾。

4.留蜜脾　秋季一般林区没有取蜜机会，但在特殊情况下，蜜源较好的地方，除了满足蜂群自身繁殖所需要的饲料和留足越冬蜜脾之外，也能取得商品蜜。参照胡枝子花期摇蜜和留蜜脾的方法进行。

5.育王和换王　在林区定地饲养的蜂群，秋季育王时间应安排在7月末、8月初，此时要培育一批优质新蜂王，以其更换蜂群中的老劣蜂王，为蜂群未来繁殖准备产卵效率高的蜂王，为繁殖越冬适龄蜂和一年的生产创造良好的条件。

（二）抓紧繁殖越冬蜂

林区秋季辅助蜜源植物集中在前期开花，后期开花逐渐稀少，具有秋季蜂群繁殖期较短和断子较早的特点。因此，要早抓繁殖越冬蜂的措施。从8月上旬开始，在前期复壮的基础上，随着气温和蜜源的变化调整蜂脾关系。在气温正常、蜜源较好的情况下，最初可适当松脾，增加或换进产卵脾（提出边脾，以被蜜粉压缩了的子脾为边脾，加入产卵脾）；进入8月下旬，应停止加脾，在现有子脾的基础上进行繁殖。若此期低温多雨、蜜源较差，应提前停止加脾，一直在维持现有子脾的基础上进行繁殖。并且要保证饲料充足，不足者及时补充。后期繁殖越冬蜂措施参考本节胡枝子花后期管理。

（三）其他管理措施

1. 防止贮存甘露蜜　林区秋季有时蜂群采集大量的甘露蜜，往往误认为是花蜜而作越冬饲料，以致影响蜂群安全越冬。

预防的方法是：经常注意观察蜜蜂所采集的蜜源，一旦发现采进大量甘露蜜，应在越冬前摇出去，换以优质蜜脾或补喂优质白糖糖浆作为越冬饲料。

2. 捕杀胡蜂　秋季林区胡蜂较多，常常袭击蜂群，捕食蜜蜂，对蜂群有较大的危害，要加强巡查进行捕杀，减轻蜜蜂的受害程度。

3. 预防盗蜂　8月下旬以后蜜源逐渐稀少，要加强防止盗蜂的措施，保证不因盗蜂而破坏蜂群的繁殖条件。

四、荞麦花期蜂群管理

荞麦是我国秋季最后一个主要蜜源（图5-41）。荞麦的花期与油菜相反，从北向南推迟，始花期：黑龙江8月上旬、吉林和辽宁8月中旬、河北9月上旬、湖北9月下旬、广西10月上旬，花期20～30天。荞麦花期的特点是流蜜量较大，进蜜涌，贮蜜压缩子脾。此期气温逐渐下降，昼夜温差加大，盗蜂时起，蜂群进入群势衰退期。因此，要针对气候、蜜源、蜂群变化的规律，在生产蜂蜜的过程中兼顾蜂群的繁殖。

图5-41　荞　麦
（薛运波　摄）

（一）荞麦花前期

1. 组织采蜜群　荞麦花期进蜜较快，容易影响后期繁殖。实践证明，强群脾多，贮蜜集中，子脾基础好，易于扩大；弱群脾少，多数花蜜贮存在子脾上，不易于扩大子圈，经过流蜜期往往弱群越弱。因此，以10框蜂以上的较强蜂群进入荞麦流蜜期是实现产蜜、繁殖两不误的可靠措施。如果蜂群较弱可提前合并成采蜜群。

2. 奠定子脾基础　荞麦花期蜂群繁殖的趋势是下降而不是上升。在流蜜初期没有良好的子脾基础，靠荞麦花期扩大子脾是很困难的。因此，在上一花期末至荞麦流蜜期之前要注意扩大产卵圈，使蜂群保持数量比较多、面积比较完整的卵虫、蛹各龄子脾，形成荞麦花期的子脾基础。进入流蜜期后，在此基础上及时清理压缩产卵脾的蜜房，继续扩大产卵圈，减慢子脾收缩的速度，提高蜂群在荞麦花期的繁殖效率。

3. 合并弱小蜂群　荞麦花期的弱群和小群，其群势不仅不能增长，反而衰弱的更快（其原因除了蜜源、气候不利于弱群繁殖之外，还与弱群的哺育能力低和抗逆性能较弱有关）。因此，早合并比晚合并有利，要在流蜜前期把那些不足4张子脾的弱群合并为6张子脾的蜂群，经荞麦花期的繁殖，还能维持中等蜂群的群势。如果这样的弱群在流蜜期之后再合并，2～3个群也不一定能够合并成为一个理想的中等蜂群。

4. 摇蜜和贮存蜜脾　为了保证蜂群安全越冬，荞麦花期首先要贮存足够的越冬蜜脾（每群3～4张），在此前提下再进行摇蜜，通过摇蜜努力维持子圈不缩小，但也要避免一扫光的摇蜜方法。

5. 修造新脾　荞麦流蜜初期，可以根据群势和蜜源情况适当造新脾供蜂王产卵，以补充被蜜压缩了的子脾；但进入流蜜盛期以后要停止造脾，因为这时造成的新脾，待孵化蜂儿时已进入流蜜后期，气温下降，易产生拖子，育子效率比较低。

6. 育王换王　定地饲养的蜂群，要在荞麦花期之前的杂花期培育蜂王，在本期以产卵新蜂王更换老劣蜂王，增强蜂群的繁殖力。

（二）荞麦花后期

1. 密集蜂巢　此期要随着群势的下降，撤出多余空脾，撤掉继箱，缩小蜂巢，使子脾集中于巢箱，蜂数密集，逐渐由前期脾略多于蜂改变为蜂脾相称，以便适应蜂群在气温逐渐下降、蜜源逐渐减少、盗蜂逐渐增多的环境中哺育蜂儿的需要，在现有子脾的基础上繁殖好最后一批越冬蜂。

2. 防止盗蜂　荞麦流蜜期由于蜜味大，加上受干旱、降雨、寒潮等气候变化的影响，荞麦流蜜间断或停止，容易引起盗蜂，一旦盗蜂蔓延则不易制止。因此，摇蜜时要在防盗蜂的条件下进行，不要在蜂场上露天摇蜜。要根据天气和进蜜情况调整巢门，好天气进蜜正常，适当扩大巢门；坏天气进蜜差，要及时缩小巢门。低温或不流蜜易起盗蜂时间不要开箱检查，不提脾摇蜜。巢内保持充足的饲料，减少蜂群作盗机会。

3. 加强局部保温　此期气温逐渐下降、常有变化、时遇寒潮，要注意蜂群的局部保温，在繁殖末期，保护最后一批蜂儿的正常发育。

第四节　冬季管理

在北方定地饲养的蜂群，一年中蜜蜂从事繁殖和采集的时间仅5~7个月，其余时间为越冬前期和越冬期，在这段时间里蜂群的个体不仅没有增殖的机会，也失去了新老蜂交替保持平衡的条件，蜂群完全生活在消耗个体数量和质量的环境中。这期间若具备了越冬条件，蜜蜂群体将安全越冬，反之，其群体在冬季被削弱甚至覆灭。

安全越冬的条件是在秋季饲养管理过程中形成的，秋季准备工作如何，关系着越冬的安全与否，越冬的成败又关系着下一年蜂群的基础和养蜂生产。

一、越冬前的蜂群管理

（一）晚秋适时断子

为了避免蜂群无益的繁殖活动，在结束繁殖越冬蜂时要促使蜂王停止产卵，适时断子。断子的方法要因地制宜。采取加大蜂路、降低巢温的方法，宜在无子脾时进行，巢内有子脾容易损伤蜂儿；采取用王笼幽闭蜂王的方法，虽然能达到断子目的，但放王出笼时容易发生围王现象。目前常用的方法：一是利用带有蜂王隔离栅的王笼，把蜂王幽闭在这种王笼里，工蜂通过隔离栅自由进出王笼，同蜂王直接接触，这样放王出笼时比较安全；二是给蜂王带上"节育套"，不让蜂王往巢房里产卵。

（二）初整越冬蜂巢

秋季蜜源终止，蜂群内最后一批蜂儿出房，趋于断子状态，这时要抓紧整顿蜂巢，初步奠定越冬蜂巢的基础（图5-42）。

1. 换入封盖蜜脾　将贮存的封盖蜜脾，直接换入蜂巢中，将巢内原有的巢脾撤出去，蜂脾关系以蜂略多于脾为宜（5~6框蜂放5张脾）。

2. 撤出花粉脾　蜜蜂在停止造脾、停止哺育幼虫活动的越冬期，不需要花粉饲料，完全以蜂蜜来维持生命。因此，越冬群不需要保留花粉脾，要在初整蜂巢时撤出，放群外保存，待早春排泄后再加给蜂群。

图5-42　初整越冬蜂巢
（薛运波　摄）

（三）补喂越冬饲料

1. **越冬饲料的数量标准**　在严寒地区越冬期从10月到翌年3月下旬，一个4～5框的越冬群需要10～12kg蜜，每框越冬蜂平均2～2.5kg；计算越冬饲料标准要做到宁足勿缺。

2. **越冬饲料的质量要求**　越冬饲料应当使用不爱结晶的成熟蜂蜜或纯净的白糖。发酵蜜、甘露蜜、含有铁锈及被有害物质污染的蜜、带有传染源的蜜等都不能作为越冬饲料。红糖、饴糖、土糖、果脯糖浆等也不宜作为越冬饲料。椴树蜜、向日葵蜜等，在流蜜期直接留封盖蜜脾作越冬饲料，其结晶程度比较低（图5-43）；但将这些种类的分离蜜补给蜂群作越冬饲料结晶快，宜加入杂花蜜或白糖，减轻结晶程度。

图5-43　留足越冬饲料
（薛运波　摄）

（四）越冬饲料的处理方法

1. 以蜂蜜作饲料　秋季气温逐渐下降，分离的蜂蜜由于已经充分混合，一般都含有葡萄糖结晶核或已开始结晶，所以在补喂之前以50kg成熟蜜加3～4kg水，放于锅内逐渐加温到70℃，持续半小时之后取出，以充分溶解葡萄糖结晶核。

2. 以糖浆为饲料　用质量纯净的白砂糖、白绵糖作为越冬饲料，最大的特点是冬季不易结晶，蜜蜂越冬既安全又节约饲料。调制糖浆的方法是：以每50kg白糖加28～33kg水，先将水放入锅中加温到100℃，然后放入白糖，待全部溶化，再一次加热到100℃后取出冷却。

3. 越冬饲料的补喂方法　补喂越冬饲料可用框式饲喂器、塑料盒、灌脾等方法，要在傍晚把饲喂器或灌好蜜的巢脾放进蜂巢里。饲喂器要接近巢脾摆放，中间不加隔板，倒入饲喂器的蜜以温热的（35℃左右）为宜，蜜温过低，蜜蜂搬运、酿造排水较慢；蜜温过高，会损伤蜜蜂。第一次喂完之后，靠近饲喂器的蜜脾比离饲喂器远的蜜脾贮蜜多，因此要把轻重不同的蜜脾互换位置，以保证脾上贮蜜均匀（图5-44）。

图5-44　补喂越冬饲料
（薛运波 摄）

给蜂群补喂越冬饲料的工作，要在越冬期开始一个月以前结束，切不可喂得过晚，以便给蜂群充足的时间对饲料蜜进行酿制、排水、封盖。

（五）越冬前定群及箱外管理

1. 布置越冬蜂巢　调换或补充完越冬饲料的蜂群，在越冬前要进行最后一次检查，布置越冬蜂巢。

(1) **蜂脾关系** 室内越冬的蜂群，要蜂脾相称或蜂略多于脾（4 ~ 4.5框蜂放4张脾），切忌蜂脾相差悬殊。室外越冬的蜂群要蜂多于脾（4.5 ~ 5框蜂放4张脾），以适应外界气候条件。越冬蜂巢的蜂路为12mm左右。越冬储备蜂王的小群不能低于两框蜂，最少放两张脾，可以将两个这样的小群布置在一个用隔蜂板隔成两区的巢箱里，或者布置在卧式箱的主群一侧。

(2) **巢脾的排列** 平箱越冬的蜂群以封盖较好的蜜脾放两侧，封盖较差的蜜脾放中间，前部有少量空巢房的放中间，这样布置不仅利于蜜蜂结团，而且可减少未封盖蜜发酵的机会；双王群越冬的蜂群，应将有少量空巢房的蜜脾放在两个蜂团相邻的一侧，外侧放贮蜜较多的巢脾，这样布置能使两个群结成一个蜂团，利于冬季保温和春季蜂王产卵。

(3) **蜂巢其他设施的处理** 越冬巢脾布置好之后，靠巢脾的外侧加上隔板，不要加箱内保温物，覆盖能保温的覆布，并在覆布上增盖几张报纸，以便在低温时防止冷风直接吹入蜂巢。

(4) **定群记录** 布置完蜂巢的越冬群，要准确记录群势、脾数、蜜数、蜜脾封盖程度、蜂王年龄等情况，作为冬季箱外管理的依据。

2. **减少蜜蜂的频繁活动** 首先，要及早结束调整和补喂越冬饲料工作，使巢内的蜜脾及时封盖，巢内根本断子，没有再次出现子脾的机会，巢内不增加保温物，排除任何能够导致巢温上升的因素。其次，除了必要的检查之外，不要过多地拆动蜂巢。避免因活动巢脾而刺激蜜蜂飞翔，要使蜜蜂安静地栖息于蜂巢中。再次，要适当缩小巢门，在巢门前增加遮阳物，以减少阳光直射的温度和亮光对蜂群的刺激；不到越冬包装时期，不增加箱外保温物，防止人为条件促使巢温升高而增加蜜蜂的活动量。

二、蜂群越冬场所

(一) 蜂群越冬室

修建越冬室要根据当地的气候和地下水位等自然情况确定，有地上越冬室、半地下越冬室、地下越冬室。这三种越冬室，虽然建筑形式不同，但使用方法基本一致，要求每个标准巢箱平均占0.6m³的容积，每群蜂占有6cm²的进气孔和出气孔。越冬室的规格、长度根据放置蜂箱的数量而定，宽度分两种：270cm（放两排蜂箱），480 ~ 500cm(放四排蜂箱)；高度为240cm。越冬室必须具有抗寒隔热能力，在本地最低气温下，不用人为取暖升温，室温能够保持在0℃以上。在越冬期外界气温偶然上升到10℃以上时，室温不马上升高、不突破4 ~ 5℃。

另外，越冬室的地面和墙壁必须保持干燥，如果潮湿应该在蜂群入室之前采取措施除湿。越冬室的抗寒和隔热性能与室门有很大关系，要设置两道结构严密的保温门，以便增强越冬室的保温作用。

利用一般住房，增加一层内墙，两墙之间和天棚上填装保温材料，也能改建为简易的地上越冬室。

（二）室外越冬

1. 室外包装越冬

（1）草帘包装 在冬季最低气温不超过−20℃的地方，蜂群室外越冬，可以利用预制的草帘以不同的厚度包装蜂箱。包装方法是：首先在背风向阳的室外越冬场地，用砂土或砖石修成一个略高于地面放置蜂箱的平台，在其上铺以10～15cm厚的干草，然后把越冬蜂箱排列在干草上面。单箱越冬以草帘包装时，可以将一块与蜂箱包装规格相同的草帘，从蜂箱左侧箱体包向右侧箱底，再用一块同样的草帘从蜂箱的后侧箱底包向前侧巢门，留出巢门部分。要使蜂箱周围的草帘紧紧地贴附于蜂箱的外壁，以达到保温目的（图5-45、图5-46）。

图5-45　室外越冬蜂群内外包装
（薛运波 摄）

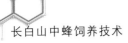

图5-46 室外越冬蜂群
（薛运波 摄）

（2）严密包装 在寒冷地区，蜂群室外越冬可以采用细碎的保温物包装蜂箱。包装方法是：蜂群越冬之前，首先在选定的越冬场准备好高66cm、宽72cm的∩形围墙，长度可根据蜂群的数量来确定，一般5～7群为一组。围墙可用木板、石头、砖块、土坯等建成，围墙的缺口向南或东南，墙内的地面上铺10～15cm的包装物，然后搬入蜂箱；蜂箱巢门踏板和围墙外面并齐，蜂箱前部可以用草帘或包装物覆盖，留出巢门。填加包装物的厚度：蜂箱后面和上部为10～12cm，前面是8～10cm，各箱之间为1～2cm。包装物填加完毕，在包装物的上面再覆盖一层防雨材料。在大盖后部的位置上放一个长12cm、直径6cm的草把作为通气孔。包装的时间，宜在气温逐渐下降、地面已经结冻时进行，高寒山区在11月上中旬完成，一般地区在11月下旬完成。为了防止蜂群包装前受冻和包装后伤热，也可以根据气候变化分2～3次陆续包装，每次包装1/2或1/3，第一次要提前15天左右进行，先包装蜂箱下部，最后包装上部（图5-47、图5-48）。

图5-47 室外越冬巢门遮光
（柏建民 摄）

图5-48　室外集中越冬包装
（薛运波 摄）

　　室外越冬的蜂群要做好如下防范措施：一是防牲畜剐蹭蜂箱；二是防止老鼠进入蜂箱危害蜂群；三是防止啄木鸟啄蜂箱；四是防止积雪和杂草堵塞巢门。

　　2.地下长廊越冬　秋季选择地下水位较低的地方挖成长廊地槽，宽210cm，长度根据放置蜂箱数量而定，可长可短。放置一层蜂箱时，在长廊两侧各留高60cm、宽65cm的箱位容积，中间沿箱位地基再向下挖进宽80cm、深100cm的通道；放置2层蜂箱时，在长廊两侧各留高110cm、宽65cm的箱位容积，中间沿箱位地基再向下挖进宽80cm、深60cm的通道；放置3层蜂箱时，在两侧各留高150cm、宽65cm的箱位容积，中间沿箱位地基向下挖进宽80cm、深30cm的通道。

　　挖建地下长廊，如果长期使用，可沿着挖成的地槽用砖石砌成墙壁，上部用预制件或其他防水建材封闭。在上盖中间，每隔100cm留一个直径为20cm左右的进气孔和出气孔，将进气管直接延伸到长廊底部，管端垫起20cm以利于进气。上盖要根据需要留出"活盖"，越冬蜂群搬进搬出时，打开活盖直接搬运，平时活盖用土埋着，不影响保温和隔热。如果临时使用，可以现用现挖，不用时填平不影响土地利用。长廊一端设出入口，越冬期供人进入检查，出入口可以开设在房舍内，也可以2～4个长廊设一个出入口。

　　按当地蜂群越冬的时间，打开活盖，将蜂群搬入地下长廊。平时通过出

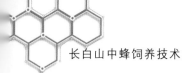

气孔放入的温度计检测廊内温度,必要时进入长廊检查蜂群越冬情况。长廊内温度高低通过扩大或缩小进出气孔调控。

三、越冬期的蜂群管理

(一) 室内越冬蜂群的管理

1. 入室时间 当外界气温已基本稳定,白天最高气温下降到0℃以下、夜间最低气温下降到-15℃以下时,选择一个较冷的天气将蜂群搬进越冬室。具体时间一般在11月(弱群可提前,强群可晚些入室)。

2. 蜂箱的搬运和安排 蜂群在室内越冬,蜂箱内不加保温物,蜂箱上口直接盖以纱盖,纱盖上面再盖以覆布或草纸。

搬运蜂箱要保持箱体平衡、轻搬轻放,根据越冬室的规格排列成2行或4行。蜂箱放置于距离地面40 ~ 50cm高的架上,强群放在下层,弱群放于中上层。待蜂群安静片刻,打开巢门通气。蜂群入室当天要大开进、出气孔通风降温,使室温降到0℃以下,待蜂群安定以后再恢复正常的室温。

3. 冬季管理方法 越冬蜂团需要在安静、黑暗的环境里生活。越冬前期,要注意控制越冬室的温度,在温度比较稳定的情况下,一周检查一次越冬室。两个月以后,要20 ~ 30天掏一次死蜂,动作要轻,防止触碰或惊动蜂团。越冬后期,要经常检查越冬室,以便及时发现问题,随时排除。

(1) 听测蜂群 进入越冬室悄悄站立片刻,倾听蜂声。若蜜蜂发出均匀的嗡嗡声,好似微风吹动树叶的声音,说明室温正常;如果声音过大,时有蜜蜂飞出,可能是室温较高或室内干燥;如果蜂声不均匀,时高时低,则可能是室温较低。还可以用听诊器的橡皮管,一端插入巢门,另一端塞进耳朵,听测蜂声。若蜂声微弱均匀,用手指轻弹箱壁,听到蜜蜂"唰"的一声,很快又停止了,是越冬蜂团正常的表现;如果发出的声音经久不息,出现混乱的"嗡嗡"声,这是不正常的表现,必要时个别开箱检查处理;若听到蜂团发出"呼呼"声,是热的表现;听到蜂团发出微弱起伏的"沙沙"声,是冷的表现;若箱内蜂团不安静,时有"咔嚓"等声音,可能是箱内有老鼠危害。听测蜂团的声音要根据群势和结团位置来分析,强群声音较大,弱群声音较小;蜂团靠前部声音较大,靠后部声音较小。

(2) 巢门检查 越冬前期可少检查,后期应多检查。检查时要利用红色手电光线悄悄照射巢门和蜂团,要迅速而准确,防止震动。在检查当中,如果发现越冬蜂团疏散,蜂离脾活动或飞出,可能是巢温过高,蜂王早期产卵,或者饲料耗尽处于饥饿状态;若巢门前有蜂活动,并排出粪便,是下痢现象;

蜂箱内有稀蜜流出是饲料蜜发酵变质；蜂箱内有水流出是箱内先热后冷，通风不良，水蒸气凝结成水，造成箱内潮湿；从蜂箱底掏出糖粒是越冬蜜已有结晶现象；死蜂体色正常，腹部较小，数量突然增多，蜂声微弱无力或已经无声音，可能是饥饿群，要马上解救；蜂尸被咬碎是遭受鼠害；正常结团的蜂群，蜂团已经移向箱后壁，说明巢脾前部的蜂蜜已经吃完，应注意防止发生饥饿。

4. 室内温度和湿度的控制

（1）温度　越冬室的温度要求均衡，一般控制在−4℃左右，最高不超过0℃，最低不低于−10℃。强群室温可略低一些，弱群室温可略高一些；室内潮湿时温度可略高一些，干燥时温度可略低一些。室温的调整要靠扩大和缩小进出气孔来解决。

（2）湿度　蜂群在室内越冬所要求的相对湿度为75%～85%，湿度过高，采取扩大出气孔、在室内地上撒一些干锯末和干草木灰等吸潮物，降低湿度；室内干燥，可采取在地上洒水、缩小出气孔等措施来解决。

（二）室外越冬蜂群的管理

室外越冬严密包装的蜂群，要求保留大巢门（长20cm、高2～3cm），冬季根据外界气温的变化调整巢门，为蜂群保持适宜的越冬温度。初包装以后，要大开巢门，随着外界气温的下降，逐渐缩小巢门；随着天气回暖、温度上升，逐渐扩大巢门。平时要根据天气冷暖变化及时调整巢门，防止伤热和受冻。

室外越冬前期容易伤热，若包装过早或通风不良，蜂群受闷、冬团疏散、蜜蜂不断飞出，这样的蜂群饲料消耗较快，容易饥饿下痢，以至严重衰弱。因此，对有"热象"的蜂群要及时撤去上部包装物，待降温后再酌情逐渐恢复。后期要注意前期伤热的蜂群和冬季不安静的蜂群，必要时拆开上部包装，开箱检查，缺蜜群补充蜜脾，撤出发酵蜜脾和多余空脾，处理好之后再重新包装继续越冬。

室外正常越冬的蜂群，蜂团紧而不散，不往外飞蜂，寒冷天气箱内有轻霜而不结冰。实践证明，伤热的后果比受冻的后果严重得多，因此要宁冷勿热。

（三）越冬不正常蜂群的补救方法

1. 缺饲料蜂群

（1）补换蜜脾　以越冬前储备的蜜脾补换给缺饲料的蜂群较为理想。如果这种蜜脾放在较冷的仓库里，应先移到15℃以上的温室内暂放24h，使蜜脾

温度随着室温升高，然后再换入蜂群。换脾时要轻轻将多余的空脾提到靠近蜂团的隔板外侧（让蜜蜂自己返回蜂团），再将蜜脾放入隔板里侧靠近蜂团的位置。

（2）**灌蜜脾补喂** 如果没有蜜脾，可以使用成熟的分离蜜加温溶化或者以2份白糖、1份水加温制成糖浆，冷却至35～40℃时进行人工灌脾。要按蜂团占据巢脾的面积浇灌成椭圆形的蜜脾，灌完蜜之后将巢脾放入容器中，待脾上不往下滴蜜时再放入蜂巢中。采用这种方法，必须把巢内多余的空脾移到隔板外侧或撤出去。在蜂数密集的基础上，依据群势和缺蜜程度确定补喂的蜜量，群强多喂，群弱少喂，一次不可喂得过多。

（3）**补喂炼糖** 将白糖加工成细糖粉，过100目筛，然后将优质成熟蜜加温到60℃，降温至40℃左右，加入细糖粉进行搅拌，并充分揉搓至不粘手、较软的面糊状，用炼糖饲喂器饲喂，或者将做好的炼糖包在纱布或扎眼的蜡纸中放在蜂团上部的框梁上进行饲喂。

冬季给蜂群补喂饲料期间，室内越冬的蜂群要暂时将室温提高到4℃左右；室外越冬的蜂群，应选择白天最高气温在2℃以上的天气进行，以利于蜂团疏散之后的重新结团。

2.**严重饥饿蜂群** 将饥饿昏迷的蜂群搬入20℃以上的室内，打开蜂箱提出巢脾，使箱内的温度升高，逐渐接近室温。箱底上昏迷脱脾的"死蜂"较多时将其取出一些放到温暖的地方（要先找到蜂王暖活喂蜜），然后以少许温蜜水喷往蜂体上。当部分蜜蜂复活后，要把蜂王和放在箱外的蜂归回蜂箱，并换入微温的蜜脾。蜂群复活以后，要在室内放一天，逐渐降低室温，促使蜜蜂重新结团之后再送回越冬室。

3.**潮湿蜂群** 将严重潮湿的蜂箱搬入15℃的温室内，迅速换入已经准备好的干燥空蜂箱里，同时将发酵、结晶蜜脾撤出，换入优质蜜脾，缺蜜的蜂群要补充蜜脾。换完箱之后，盖严箱盖，逐渐降低室温，待蜜蜂重新结团时再搬回越冬室。

4.**下痢蜂群** 若是在越冬前期有大批蜂群下痢，说明越冬饲料有问题，这时在室内采取任何补救措施都是徒劳无益的，应抓紧运到气温较高的地方排泄繁殖，使蜂群转危为安；若是在越冬后期发生下痢，可以采取换蜜脾、换蜂箱的措施减轻损失。同时，要提前选择较好天气或利用具有温暖背风的小气候场地，进行室外早排泄；若是部分蜂群下痢，可以在塑料大棚内进行排泄，并采取换箱、换脾、补充饲料等措施，使蜂群脱离危险。

第六章 蜜蜂病虫害防治

蜜蜂像人和自然界其他生物一样，在外界环境恶劣的情况下可能患各种各样的疾病、遭受敌害的侵袭、发生植物中毒和化学药物中毒等，严重影响蜜蜂的繁殖和生存，给养蜂生产带来巨大损失，轻者造成减产，重者全场覆灭。因此，为确保养蜂业的顺利发展，必须加强蜜蜂病虫害的防治。

蜜蜂病虫害种类很多，大体可分为两大类。一是传染性病害，二是非传染性病害。传染性病包括病毒病、细菌病、真菌病、原生动物病、螺原体病、寄生虫病等。非传染性病主要包括由各种不良因子引起的病虫害及中毒等。

第一节　蜜蜂病害的病原及传播途径

引起蜜蜂病害的病原很多，有由病毒、螺原体、细菌、真菌以及原生动物所引起的病害，如蜜蜂囊状幼虫病、欧洲幼虫腐臭病、螺原体病、白垩病等；有由寄生虫引起的病害，如蜂螨病、壁虱病以及蜂虱病等。由生物因子引起的病害，均属传染性病害。此外，还有一类由不良环境因素、饲料品质欠佳以及毒物等引起的病害，如卷翅病、甘露蜜中毒和农药中毒等均属非传染性病害。

一、蜜蜂病害的病原

1.病毒　病毒属微生物界，在电子显微镜下观察，其形态大多呈圆形或近圆形，也有呈砖形、子弹形或丝状的。侵染蜜蜂的病毒大多属于肠道病毒属和虹彩病毒属。

2.细菌　细菌是一种个体较小的微生物，大多数为单细胞。细菌的基本形态有三种，即球菌、杆菌和螺菌。侵染蜜蜂的细菌主要有幼虫芽孢杆菌、蜂房蜜蜂球菌等。

3.真菌　真菌广泛分布于自然界。具有细胞壁，不含叶绿素，不能进行

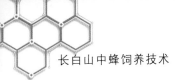

长白山中蜂饲养技术

光合作用，以寄生或腐生的方式生活。真菌少数为单细胞，多数具有分支或不分支的菌丝体。侵染蜜蜂的真菌有蜂球囊菌等。

4.原生动物　原生动物是动物界中一个独立的门类，包括5个纲，即鞭毛虫纲、肉足纲、孢子虫纲、纤毛虫纲和吸管虫纲。目前，发现浸染蜜蜂的原生动物，主要有蜜蜂微孢子虫和蜜蜂马氏管变形虫两种。

二、蜜蜂病害的传播途径

蜜蜂病害的传播途径主要有三种，即直接传播、间接传播和远距离传播。

1.直接传播途径　一是养蜂人员不遵守卫生操作规程，如在蜂场上随意调换子脾，误将患病群的子脾调入健康蜂群内，导致疾病传播。二是用不知底细的蜂蜜作饲料，误以被病害污染的蜂蜜喂蜂，导致疾病传播。三是购入带有传染病的蜂群，导致疾病传播。四是蜂场上的盗蜂和迷巢蜂、尤其是盗蜂，导致疾病传播。

2.间接传播途径　间接传播主要是通过蜜蜂的采集活动，患病蜜蜂将病菌留在所采集过的花朵上，健康蜂再来访这朵花，将病菌带入健康蜂群内造成感染。蜜蜂螺原体病以及小蜂螨等，主要通过间接传播。

3.远距离传播途径　一是未经检疫的蜂群进行长途放养时，将带病蜂群与健康蜂群混合装车、装船造成直接感染，同时将病虫害从甲地传入乙地。二是从外地引种或购入蜂群，有可能将外地的某些传染性病虫害传入本地区内。

第二节　蜜蜂病害的预防与消毒

一、预防措施

（一）保健措施

一是创造适合蜂群生活的良好条件，提高抗病力。二是蜂场要选择蜜源条件好、地势高且干燥、背风向阳的地方，有清洁的自然水源。若无自然水源，应常年设置喂水器。三是及时调整蜂脾关系，及时更换新脾、淘汰旧脾，减少病菌的陈积。四是选育抗病蜂王，选择抗病力强的蜂群作为种群培育蜂王，以提高蜂群的抗病能力，有计划、有针对性地引进抗病品种，更换不抗病的品种。

（二）遵守卫生操作规程

一要注意个人卫生，衣服要保持清洁，操作前后要用肥皂洗手。二要保持蜂场和蜂群内的清洁卫生，要经常清扫蜂箱底，对蜡屑、赘脾和割下的雄蜂房盖等物要及时收集处理，不要随地乱扔。三要及时隔离治疗有病的蜂群，所有蜂箱、蜂具都要分开专用，避免病菌传入健康的蜂群。四是蜂场上的所有蜂箱、巢脾和蜂蜜等要严密存放，以免发生盗蜂，造成病害传播。五是每年蜂群在进入越冬后，对所有换下的蜂箱和巢脾进行一次消毒处理。六是不用带病或来路不明的蜂蜜、花粉作蜂群饲料。

（三）检疫

对蜜蜂实行检疫是防止蜂病传播蔓延的重要措施，主要包括对内检疫和对外检疫两种。对内检疫的任务是将已发生在局部地区的某些危险性病虫害，控制在一定的范围内，划出"疫区"和"保护区"，并采取各种措施进行封锁消灭。对外检疫的任务是禁止某些危险性病虫害，由国外传入或由国内传出。

二、消毒措施

（一）机械消毒法

用机械的方法，如清扫、铲刮、洗涤等方法可以起到减少病原物的作用，为进一步杀灭病原体提供条件。根据消毒对象不同采取相应的方法。如对蜂箱、蜂具消毒，可用起刮刀进行铲刮；对巢脾消毒，可先用清水浸泡，然后再用摇蜜机将水和幼虫尸体及杂物逐一摇出；对越冬室及场地可先进行彻底清扫，再除去杂草，低洼的地方用土填平等。

（二）物理消毒法

物理消毒法的种类较多，在蜂场上常用日光、灼烧、煮沸、蒸汽以及紫外线等。

1. 日光 日光能使微生物体的原生质发生光化学作用，使蛋白质凝固，从而达到消毒的目的。如早春利用日光曝晒蜂箱内的保温物，不仅可提高巢温，而且也可起到一定的消毒作用。

2. 烧灼 常用喷灯消毒被幼虫病或孢子虫病污染的蜂箱和巢框。消毒前将消毒物件附着的蜡屑和赃物铲刮干净，将消毒物件的表面烧至微显焦黄。

3. 煮沸 蜂场上常用煮沸的方法来消毒覆布、工作服以及小型用具，还用大锅煮沸蜂箱和巢框。

4. 蒸汽 分为流动蒸汽消毒法和加压蒸汽消毒法两种。前者的消毒效果基本与煮沸相同，而后者常常用高压消毒锅来进行。一般是在121℃（0.5kg/cm²）、加热0.5h，即可彻底杀灭所有的微生物。

5. 紫外线 蜂场上常用紫外线消毒被欧洲幼虫病菌和副伤寒菌所污染的

蜂箱和巢脾。

（三）化学消毒灭菌法

化学消毒法就是用各种化学药物杀灭各种病原体的方法。蜂场上常用的消毒灭菌药物有如下几种。

1. 甲醛　37%～40%的甲醛水溶液又称福尔马林。常用其稀释的水溶液或蒸气来消毒被美洲幼虫腐臭病、欧洲幼虫腐臭病、囊状幼虫病以及孢子虫病所污染的蜂箱和巢脾。

（1）福尔马林溶液消毒法　在消毒时常用其4%的水溶液，即用市售的福尔马林0.5kg，加水4.5kg配成。在消毒前，须先将消毒物件清洗干净，然后放入已配好的福尔马林溶液中浸泡8～12h（福尔马林溶液需用木桶存放，并盖好盖）。消毒完毕将物件取出，再用清水洗净，晒干备用。

（2）甲醛蒸气消毒法　具体做法，先将所需要消毒的巢脾用清水浸泡3～4h，然后用摇蜜机将巢脾中的死幼虫尸体及杂物摇出，再放入空继箱内，4～5个继箱重叠成一垛，最下层用一空巢箱作底，供产生甲醛蒸气用。

产生甲醛的方法有两种：一种是加热法，就是将福尔马林盛于搪瓷杯内，下面用酒精灯或小炭炉加热，使甲醛产生蒸气。另一种方法是利用高锰酸钾氧化产生热量使甲醛挥发出来。具体做法是按每个继箱体用福尔马林10mL、高锰酸钾10g和热水5mL计算，先将福尔马林与水混合装入容器内，然后从底层空巢箱的纱窗口放入巢箱内，最后将高锰酸钾加入溶液内，并立即用纸将底层空巢箱的纱窗糊上。很快高锰酸钾就产生化学变化，发出热量使甲醛蒸气挥发出来，密闭消毒12h以上，即可达到消毒的目的。

福尔马林对人的眼、鼻、呼吸道都有很强的刺激性，因此在操作时必须戴上手套和口罩。

2. 冰醋酸　冰醋酸蒸气对孢子虫、阿米巴以及蜡螟的卵和幼虫，均有较强的杀灭作用。因此，可用以消毒被孢子虫病、阿米巴病等污染的蜂箱和巢脾，也可用来防治巢虫。

具体做法与甲醛蒸气消毒法相同，所不同的是消毒时，需在蜂箱垛的最上层框梁上，垫几张吸水纸（或草纸），将冰醋酸滴加在吸水纸上即可。每个继箱体的巢脾用冰醋酸20～30mL，密闭熏蒸24h即可获得彻底的消毒效果。

3. 二硫化碳　一种无色或带微黄色的透明液体，具有特殊的刺激性气味，易燃烧并有剧毒。二硫化碳对巢虫有较强的杀伤力，无论对成虫、幼虫和蛹均有效。其消毒的具体方法与冰醋酸消毒法相同。

4. 二氧化硫　又叫亚硫酐，是燃烧硫黄所产生的气体。除对巢虫有杀伤力外，还对多种细菌和真菌有杀灭作用。因此，常用以消毒被白垩幼虫病和黄曲霉病污染的巢脾，也用于防治巢虫。其使用剂量按每个继箱体的巢脾充分燃烧3～5g硫黄计算。具体消毒方法同甲醛蒸气消毒法。

5. 漂白粉　漂白粉又称含氯石灰，是氧化钙、次氯酸钙和消石灰的混合物。商品漂白粉一般含有效氯为25%～33%。漂白粉对多种细菌均有杀灭作用。在蜂场上常用5%～10%的水溶液消毒被副伤寒、败血病污染的蜂箱和巢脾，也可用于越冬或蜂场场地的消毒。

6. 高锰酸钾　一种强氧化剂，在1∶1 000和1∶1 250浓度下具有杀菌力，对病毒也有灭活作用。在蜂场上常用于被美洲幼虫腐臭病、欧洲幼虫腐臭病以及囊状幼虫病污染的蜂箱和巢脾的消毒。

7. 烧碱　常用1%～3%水溶液来洗刷和消毒被美洲幼虫腐臭病、欧洲幼虫腐臭病和囊状幼虫病污染的蜂箱和巢框等物。消毒后须用清水洗净、晾干后才能使用。烧碱腐蚀性强，操作时须戴胶皮手套。

8. 石灰乳消毒　常用10%～20%石灰乳消毒越冬室、蜂场场地，也可用来粉刷墙壁，从而起到消毒作用。

9. 新洁尔灭（溴化苄烷铵）　商品为无色液体，呈碱性反应，振摇时可产生大量泡沫，忌与肥皂、碘、高锰酸钾等配合使用。本品具有较强的消毒去污能力，目前在蜂场上广泛应用0.1%的水溶液，消毒被美洲幼虫腐臭病和欧洲幼虫腐臭病污染的蜂箱和巢脾，也可用来洗手和消毒用具。

第三节　蜜蜂病害防治

一、药物防治

在对蜜蜂病害的防治上，除应贯彻以预防为主的方针以外，药物防治也是一个不可忽视的重要环节。

（一）采用综合防治措施

根据昆虫流行病学，其患病率几乎等于死亡率的特点。因此，对于已患病的个体是很难治愈的。在蜂病防治上所谓"治愈"的含义，是要求新生的个体不再患病，就达到治愈的目的。为此药物治疗必须与换箱、换脾、消毒等措施结合，即在进行药物防治之前，就必须做好清除传染源的工作（包括驱除病蜂等），才能收到比较理想的效果。

（二）必须对症下药

因各种药物的药理效应不同，适应证也各不相同。例如，抗生素类药物，

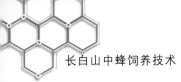

在一般情况下只适用于细菌病的治疗；杀灭寄生虫或抗病毒的药物，只适用于寄生虫病或病毒病的防治等。

（三）严防药物对蜂产品的污染

蜂产品是人的直接食品，人们在食用时是不加任何清理和洗涤的。所以在对蜜蜂病害的防治中要严格掌握使用剂量，严禁在取蜜的生产季节向蜂箱内喷洒任何有毒有害的物质（包括抗生素等）。对蜂病的防治，通常要求在大流蜜期到来之前的一个月内进行。最好放在蜂群进入越冬期前或早春蜂群陈列以后的非生产季节进行。

二、囊状幼虫病的防治

蜜蜂囊状幼虫病又称"囊雏病"，是一种由病毒引起的幼虫传染病。西方蜜蜂对该病有较强的抗性，感病后容易治愈；东方蜜蜂对该病抗性较弱，感病后容易蔓延流行，便蜂群遭受较大损失。

（一）分布与危害

蜜蜂囊状幼虫病在世界各地均有发生（图6-1）。1978年在印度、泰国、尼泊尔等国家的东方蜜蜂中也发生囊状幼虫病，随后在东南亚各国蔓延，引起蜜蜂大量死亡。该病于1972年在中国广东省暴发流行并迅速蔓延到全国十几个省、自治区、直辖市，造成百万群中蜂死亡，给养蜂生产带来巨大损失。此病一年四季可见，以冬春两季尤其连续阴雨或寒潮期间更为严重。长白山中蜂主要是在春夏秋三季发病。

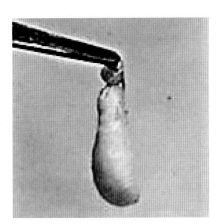

图6-1　囊状幼虫
（引自杜桃柱，2004）

（二）病原

蜜蜂囊状幼虫病有中蜂囊状幼虫病、意蜂囊状幼虫病和泰囊状幼虫病，三者都是由"过滤性病毒"引起的幼虫病毒病。其病毒大小直径为30nm的等轴球形粒子。三者在感染试验和血清学上有明显差异，是三个不同的病毒株。该病毒毒力很强，一只患囊状幼虫病死亡的幼虫中含有10^{11}个病毒粒子，可以使3 000只以上健康幼虫患病。病毒致死温度在水中为59℃、10min，在蜂蜜中为70℃、10min，在温室干燥状况下可存活3个月。在阳光直射下可存活6h，在腐败的虫尸中可保存毒力10天左右。

（三）症状

患病幼虫为5～6日龄，幼虫死于封盖前后，很少见到化蛹后死亡。病虫失去光泽，先变苍白色，头部离开巢房壁，略上翘，形似"船状"；用镊子挑出，末端有一透明小囊，囊内充满水液，病虫颜色也逐渐由苍白色变为淡褐色，虫尸干瘪，无臭味、无黏性，容易从巢房里被清除。由于死虫的不断清除，蜂王重新产卵，所以病群出现"花子现象"（图6-2）。中蜂发生此病有两种类型：一种是大片子脾发病，来势凶猛，很容易全群死亡，称之为急性型；另一种是发病幼虫数量不多，病虫断断续续可见，群势逐渐下降，称之为"慢性型"。

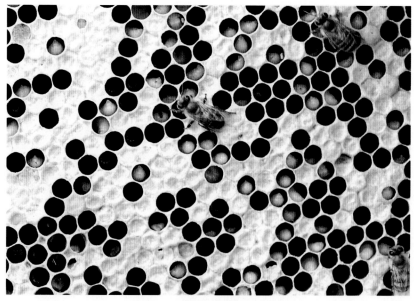

图6-2　患囊状幼虫病的子脾
（薛运波 摄）

（四）诊断方法

从病群中抽取封盖子脾检查，如果巢房出现大的孔洞，房内幼虫头部尖而翘起，用镊子挑出尾部有一个小泡囊、无臭味，即可诊断为囊状幼虫病（图6-3）。此病住往与欧洲幼虫腐臭病同时出现，诊断时要注意同欧洲幼虫腐臭病的区分，必要时可用一般微生物学方法进行检查，以便进一步确诊。

图6-3 不同状态的囊状幼虫
(引自杜桃柱，2004)

（五）防治方法

采取严格消毒，加强饲养管理和中西药物控制的综合防治措施，能有效控制囊状幼虫病的危害。

1. 加强饲养管理

（1）选育抗病蜂王 每年春季从发病蜂场中选择抗病力强的蜂群培育蜂王，替换其他病群的蜂王，如此经过几代选育，可大大提高蜂群对此病的抵抗力。这一措施也可在对病群施药前的换王断子时进行。

（2）密集蜂群，加强保温 在早春低温阴雨情况下，应将蜂群适当合并或抽掉多余子脾，使蜂多于脾，缩小巢门以提高巢温和蜂群的清巢能力。

（3）断子清巢，减少传染源 对患病蜂群应采取换王或幽闭蜂王的方法，人为造成蜂群断子期，以利于工蜂清理巢房，减少幼虫重复感染的机会。此方法结合施药进行效果较好。

2. 药物治疗 药物治疗是防治此病的重要一环，根据多年来群防群治的经验，以清热解毒作用的中草药为主，中西药结合、交叉用药是治疗此病的最佳方法。

方一：半枝莲（又名狭叶韩信草）干药50g。

方二：华千金藤（又名海南金不换，属防己科）10g。

方三：五加皮30g、金银花15g、甘草5g。

治疗时选择上述任何一配方，加适量水，煎煮后过滤，取滤液，配成1 000mL（1：1）药物糖浆，加入10片多种维生素，调匀后喂10框蜂。隔天

1次，连续4~5次为一疗程。

三、欧洲幼虫腐臭病的防治

（一）分布及危害

欧洲幼虫腐臭病是一种严重的传染性细菌病，世界各国普遍发生。该病在中蜂发生较为严重，西方蜂种也时有发生。

（二）病原

欧洲幼虫腐臭病主要是未封盖蜂子的传染病。其致病菌是蜂房链球菌，副致病菌为蜂房芽孢杆菌和尤瑞狄杆菌等。

蜂房链球菌的菌体为披针形，大小为0.5~0.7μm，不运动，不形成芽孢，是革兰阳性细菌。涂片检查菌体多呈单个或成双，也有形成链状的。该菌在培养基上生长良好。

（三）症状

患病幼虫一般死于3~4日龄。死亡幼虫无光泽，初呈苍白色，后逐渐变为深褐色。虫尸具有酸臭气味，无黏性、不能用镊子拉成丝，而是干缩于巢房底，容易被清除（图6-4）。患病蜂群由于巢房中的病虫不断被清除蜂王又产卵，所以子脾形成了卵、虫、蛹、空巢房掺杂不齐的"插花子脾"（图6-5），严重时巢内看不到封盖子，幼虫全部腐烂发臭，造成蜜蜂弃巢飞逃（图6-6）。

图6-4 患欧洲幼虫腐臭病的幼虫

（引自杜桃柱，2004）

图6-5 患幼虫腐臭病后出现插花子脾
（薛运波 摄）

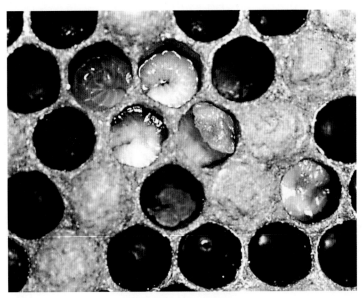

图6-6 死在巢房里的幼虫
（引自杜桃柱，2004）

（四）诊断方法

一是按上述症状进行鉴别诊断，二是显微镜检查。取病虫尸体物少许，涂片镜检，如发现有较多单生或成对、成链并具有梅花格状排列特点的蜂房链球菌和较多杆菌，用牛奶试验无凝聚现象，即可确诊。

（五）防治方法

欧洲幼虫腐臭病一般发生于气温较低且不稳定的春秋两季，因此，在早春和晚秋气温较低的情况下，应加强蜂群的饲养管理。紧缩巢脾，弱群做好人工保温，加产卵脾以新脾为主，经常保持群内饲料充足。补充或奖励饲喂时，每隔5～6天饲喂250mL药物糖浆（1kg糖浆加入土霉素可溶性粉200mg、少许大蒜汁）一次，以增强虫体抵抗力。一般蜂群两个疗程即可恢复健康。第一疗程，每晚1次，连喂4次；间隔两天后进行第二疗程，隔晚1次，连喂4次。

第四节　蜜蜂天敌防治

一、大蜡螟的防治

（一）大蜡螟分布及危害情况

大蜡螟分布于世界各国，其幼虫蛀食巢脾，损坏蜂巢，常给养蜂生产造成巨大的损失（图6-7）。中蜂对巢虫的抵抗能力较弱，不仅可引起幼虫和蛹大量死亡，造成所谓的"白头蛹"，严重时还会引起蜂群飞逃。

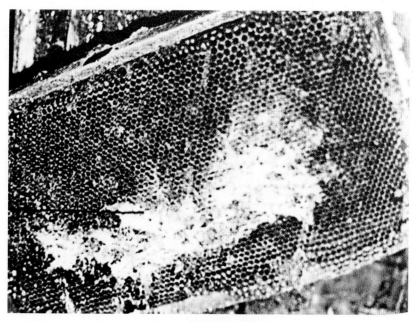

图6-7　蜡螟危害的巢脾
(引自杜桃柱，2004)

（二）形态特征

大蜡螟的生长发育分为卵、幼虫、蛹和成虫四个阶段。

1.卵　粉红色、短椭圆形，长0.3mm。卵壳较厚，表面有不规则的网状雕纹。

2.幼虫　初孵化时为白色，2～4日龄后呈乳白色，胸背板棕褐色，中部有一条明显的黄白色分界线。老熟幼虫体长22～25mm，体呈黄褐色（图6-8）。

3.蛹　纺锤形，长12～14mm，黄褐色，腹部末端有一对小钩刺，背面有两个成排的齿状突起。

图6-8　蜡螟幼虫
（引自杜桃柱，2004）

4.成虫　雌蛾体长13～14mm，翅展27～28mm。前翅长方形，外缘平直；头及胸部背面呈黄褐色，翅中部近前缘处为紫褐色，凸纹到内缘间为黄褐色；翅其余部分为灰白色。雄蛾体较小，头胸部背面及前翅近内缘外呈灰白色；前胸外缘有凹陷，略呈V形（图6-9）。

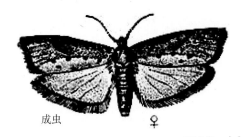

成虫　　　　　　♀　　　　　　　　　　　　♂

图6-9　大蜡螟成虫
（引自杜桃柱，2004）

（三）生活史及习性

大蜡螟在南方出现于4～11月，北方出现于5～11月。通常在外界平均气温达10℃以上时大蜡螟即开始活动。蜡螟成虫白天隐藏在隙缝里，夜间出来活动。雌蛾与雄蛾在夜间交尾。经交尾后的雌蛾即可潜入蜂箱内产卵。每只雌蛾可产卵2 000～3 000粒。卵产于蜂箱的隙缝里或蜡屑中。初孵化的幼虫先在蜡屑中生活2～3天后可上脾为害（图6-10）。若蜂群强大时，蜡螟幼虫则无法上脾为害，就留在蜡屑中长大。幼虫老熟后，留在巢脾的隧道里或爬到蜂箱的缝隙处，作茧化蛹。蛹再羽化成为成虫。在外界气温为25～35℃的条件下，完成一个世代需6～7周。

（四）防除方法

一是饲养强群，经常保持蜂多于脾，对弱群应及时合并。二是经常扫除蜂箱中的残渣蜡屑，搜集烧毁。三是及时更换陈旧巢脾。四是当巢脾上出现巢虫为害时，应及时进行人工清除或将蜂抖掉后，将巢脾装入空蜂箱内用药物熏杀。五是药物熏杀，杀灭巢虫的药物常用的有二硫化碳、冰醋酸和二氧化硫等。

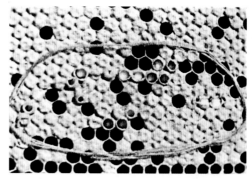

图6-10　蜡螟为害的子脾
（引自杜桃柱，2004）

二、小蜡螟的防治

（一）分布及危害情况

小蜡螟幼虫也是蜂群中常见的驻食性害虫，尤其在我国南方发生较普遍，但近年来在北方也有发生。小蜡螟幼虫常潜入蜜蜂的子脾底部，穿成隧道，毁坏巢脾，伤害蜜蜂的幼虫和蛹，形成"白头蛹"。尤以中蜂受害严重。

（二）形态特征

1. 卵　长0.39mm、宽0.28mm，初产时呈水白色、卵圆形，常数十粒至百余粒聚成块，单层紧密地排列在一起。

2. 幼虫　初孵化的幼虫呈水白色，长1～1.3mm；老熟幼虫为蜡黄色，前胸背板为棕褐色，长13～18mm。

3. 蛹　呈纺锤形，腹面褐色，背面深褐色；背中线隆起呈屋脊状，两侧布满角状突起。雌蛹体长8～12mm、宽2.3～3.1mm，雄蛹体长7～10mm、宽2.2～2.8mm。

4. 成虫　体呈灰色，雌体较雄体颜色深。复眼呈近球形，浅蓝白色至蓝色；触角呈丝状，褐色。雌体长10～13mm，雄体长8～11mm。前胸深银灰色；前后翅银灰色，前翅较后翅深，无明显的斑纹。

（三）生活史及习性

羽化后的雌蛾，一般经过2～3h开始交尾。交尾后的雌蛾在当晚开始产卵。一只雌蛾的产卵量，最少278粒，最多819粒，平均463粒。卵产下后经过4天即可孵化为幼虫。初孵化的幼虫，有的继续蚕食卵壳，有的很快上脾为害。幼虫经过50～60天后化蛹。化蛹前停止取食，寻找适宜的场所作茧化

蛹。蛹茧通常在蜂箱的缝隙里或箱底的蜡屑中，蛹经过8～9天即羽化为成虫。小蜡螟完成一个世代需62～73天。我国小蜡螟每年发生2～3代，以老熟幼虫或蛹越冬。

由于小蜡螟幼虫主要是上脾为害，所以对蜜蜂的幼虫和蛹危害较大。据调查，一条5日龄的小蜡螟幼虫，平均要伤害42.3只蜂蛹。

（四）防除方法

与大蜡螟的防除方法一样。

三、胡蜂的防治

胡蜂属膜翅目胡蜂科。扑食蜜蜂的胡蜂，常见的有胡蜂属的金环胡蜂、黑盾胡蜂、基胡蜂、小金箍胡蜂、黑尾胡蜂以及黄腰胡蜂多种。

（一）分布及危害情况

胡蜂在我国南方、北方均有分布，是我国南方各地和北方部分省份夏、秋两季蜜蜂的重要敌害，在我国各地又以山区的蜂群受害严重（图6-11、图6-12）。在每年的夏秋季节，胡蜂盘旋于蜂场上空或停留在蜂场附近的树枝上，俯冲追逐猎捕蜜蜂。据观察，每只金环胡蜂每分钟可连续捕杀17只以上中蜂，在半小时后巢门下蜂尸成堆。对中蜂蜂群危害更甚，甚至可以将蜂群巢门封闭，使出勤蜂销声匿迹。严重时，胡蜂还可结伙将巢门咬开，直接闯入蜂群内捕杀蜜蜂，在3天内可使蜜蜂损失半数左右（图6-13、图6-14）。

图6-11　胡蜂蜂巢
（薛运波 摄）

图6-12　解剖的胡蜂蜂巢
（薛运波 摄）

图6-13　胡蜂捕捉采集的蜜蜂

（薛运波 摄）

图6-14　胡蜂为害巢门前的蜜蜂

（薛运波 摄）

（二）形态特征

胡蜂体型通常都较大，多数有黄色或黑色斑纹；触角膝状；翅休息时能纵褶起来；中足径节有两个端距，爪简单。金环胡蜂：雌体长30～40mm，

头部橘黄色至褐色，触角褐色，鞭节黑色；上额近三角形，橘黄色，端部呈黑色；胸部前缘两侧黄色，其余均呈黑色；各节背腹板均为黄褐色与黑褐色相间。雄体长约34mm，呈褐色，中间夹有褐色斑纹。

（三）生活史及习性

胡蜂属社会性昆虫，每群胡蜂由蜂王、工蜂和雄蜂组成。胡蜂习性与蜜蜂不同，胡蜂是以处女王经过与当年的雄蜂交尾受精后越冬。一般每巢胡蜂有100～200只与新王越冬。经过越冬后的新王，边筑巢边产卵，同时饲喂幼虫。到第一批幼虫能参加内外勤活动后，蜂王则专司产卵任务。胡蜂在一年中通常筑巢两次。第一次营巢是在春季（南方3～4月、北方4～5月）。经过越冬后的蜂王，首先弃巢寻觅避风向阳的灌木丛或屋檐下，开始营造简易的单脾巢房，同时产下第一批卵（20～30粒）。第二批卵可出现在双脾巢间，有30～40粒。第二次营巢，又称永久巢房，通常出现在7月上旬至8月上旬。这时天气炎热，胡蜂常迁移至阴凉的树洞或土洞中营巢。此次营巢，不但蜂巢迅速扩大而且蜂数也急剧增加。其巢脾数和蜂巢的大小常根据蜂种类的不同而异。常有4～5脾至10脾不等。以黑盾蜂的蜂巢最大，蜂数也最多。

（四）防除方法

一是人工扑打，在胡蜂猖獗的季节可组织适当的人力，守候在蜂场，进行扑打，可以减轻对蜂群的危害。二是捣毁胡蜂巢，根据胡蜂出没的路线寻找其蜂巢，并进行捣毁或毒杀。三是将空可乐瓶的3/4处割断，将割断的瓶口部分倒置放在可乐瓶上，再将糖水和米醋混合后装入可乐瓶内，胡蜂会进入可乐瓶里取食出不来而死亡。四是毒饵诱杀，可用"杀虫丹"或其他杀虫剂，拌入牛肉、猪肉或蛙肉内，盛于盘内放置在蜂场附近，胡蜂取食后即被毒死。

四、蟾蜍的防治

蟾蜍又称"癞蛤蟆"，是蜂群夏季的主要敌害。蟾蜍属两栖类、两栖纲、蟾蜍科。

（一）分布及危害情况

蟾蜍通常生活在陆地上，杂食性，常扑食蜜蜂。在我国已确定的仅有6个种。在蜂场上常见的有中华蟾蜍、黑框蟾蜍、华西大蟾蜍、花背蟾蜍等种类。在炎热的夏秋季节，晚上在蜂箱门口大量吞食在蜂箱门口扇风的蜜蜂。据解剖观察，每只蟾蜍每次能吞食蜜蜂7～8只，2h能吞食蜜蜂40余只。尤其雨后初晴的夜晚，蟾蜍的活动尤为猖獗，有时遍及整个蜂场场地，若不及时采取措施，将使蜂群严重削弱。

（二）形态特征

蟾蜍体形肥大，呈灰黑色，腹部白色，背上有疣状突起。头部两侧有隆起的毒囊。四肢几乎等长，趾间有蹼、多少不等，行动迟缓。体色随种类不同而异，一般为黄棕色或淡绿色，间有花斑。腹面乳白色或乳黄色。

（三）生活史及习性

蟾蜍每年2～3月到水池、稻田或水沟抱对产卵，每个雌性产卵3 000～5 000粒。卵在胶质带内成双行排列。卵粒直径1.3～1.5mm。受精卵15天孵化成蝌蚪。蝌蚪经77～91天开始变态，转入陆地生活，16个月后成熟。蟾蜍白天隐匿在瓦砾、石隙、蜂箱底部或草丛中，夜晚出来活动。

（四）防除方法

由于蟾蜍除吞食蜜蜂以外，同时还吞食大量的螟虫、蚊、蛞蝓和蜗牛等有害的害虫和软体动物。因此，在对蟾蜍的防除上不宜采用毒杀的方法。若对蜂场威胁较大时，可采取隔离等辅助措施减少对蜜蜂的危害。一是将蜂箱垫高，以避免蟾蜍吞食蜜蜂。二是清除蜂场上的杂草杂物，不让蟾蜍有藏身之地。三是开沟防除，可在蜂群的巢门前开一条长50cm、宽50cm深沟。白天用草帘铺盖上，夜间打开。当蟾蜍来吞食蜜蜂时就会掉入坑内，爬不出来。然后集中将其送到距蜂场较远的地方。

第五节　蜜蜂中毒

一、农药中毒

蜜蜂农药中毒是当前养蜂生产上的严重问题，尤其是一些农业比较先进的国家，问题更加突出。据报道，美国每年约有50万群蜜蜂死于农药中毒。目前我国蜜蜂农药中毒的问题也逐渐突出，特别是在一些农作物、果树比较集中的地区，常由于遭受蜜蜂农药中毒造成巨大的经济损失。

（一）中毒原因

喷洒的农药直接接触蜜蜂或农药污染花蜜、花粉或饮水，致使蜜蜂中毒死亡。农药对蜜蜂的毒杀作用主要有：触杀作用，蜜蜂接触农药后，农药由体壁进入体内引起中毒；胃毒作用，蜜蜂在吸取食物或饮水时，误食农药通过肠胃吸收引起中毒；熏蒸作用，农药以气体方式经蜜蜂的气孔进入体内引起中毒；内吸作用，农药被植物吸取后，扩散到花絮或花粉中，蜜蜂吸食后引起中毒。

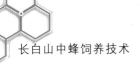

由于各种农药的理化性质不同，对蜜蜂的毒杀作用也不同，有些农药只起胃毒作用，有些农药兼有两种或三种作用。

农药对蜜蜂的作用，根据各种农药对蜜蜂致死中毒量的测定结果，可分为剧毒、中毒和低毒三种。

1. 剧毒农药　包括有机氯杀虫剂，如狄氏剂、艾氏剂、七氯等；有机磷杀虫剂，如保棉磷、毒死棉、二嗪农、异氯磷、敌敌畏、乐果、马拉硫磷等；氨基甲酸酯类杀虫剂，如涕灭威、净草威、残杀威等；二硝基甲苯酚；砷制剂，如砷酸钙、砷酸铅、巴黎绿等。

2. 中等毒性农药　包括有机氯杀虫剂，如氯丹、异狄氏剂、硫丹等；有机磷杀虫剂，如三硫磷、丁烯磷、内吸磷、甲拌磷、皮蝇磷等。

3. 低毒农药　包括有机氯杀虫剂，如滴滴涕、毒杀酚等；杀螨剂类，如氯杀螨、溴螨酯、三氯杀螨等；有机磷杀虫剂，如八甲磷、灭蚜松、敌杀磷、乙硫磷等；植物杀虫剂，如丙烯菊酯、除虫菊酯、鱼藤酮、尼古丁等；无机杀虫剂，如三唑锡、冰晶石（氟铝酸钠）等。

（二）中毒症状

农药中毒后的蜜蜂，可根据特征进行识别，通常有如下几种症状特征。

症状一：全场蜂群突然出现大量死亡，而且往往强群死蜂严重。死蜂主要为采集蜂，有些死蜂腿上还带有花粉团。

症状二：巢门前有大量中毒蜜蜂在地上翻滚、打转、急剧爬行，最后痉挛而死。

症状三：箱底有许多死蜂，提出巢脾有的中毒蜂无力附脾而掉落箱底。

症状四：死亡蜜蜂两翅张开，吻伸出。中毒严重时，大幼虫也中毒死亡，掉入箱底，通常称为"跳子"。

（三）预防措施

为保护蜜蜂为农作物授粉，许多国家已用法律形式保护蜜蜂。首先，应尽量避免在各种作物开花期喷洒农药；其次应尽量避免使用剧毒农药。若必须使用农药时，用药单位应提前通知周围5km以内的养蜂场，对蜂群进行必要的安全处理。在养蜂场接到通知后，可以将蜂群搬到喷药区5km以外的地方放置；也可采用暂时幽闭巢门的方法，尽量避免蜜蜂中毒。其幽闭巢门的时间长短，可根据气温和所喷农药种类而定。如喷洒低毒农药，通常幽闭4~6h；喷洒中等毒性的农药，一般为24h；喷洒剧毒农药，一般为3~4天。蜂群在幽闭期间，应打开覆布或增加继箱，加强通风；做好遮阳工作，尽量保持箱内阴凉和黑暗，同时应适当给蜂群喂水。

（四）急救措施

对农药中毒的蜂群，目前尚无有效的防治疗法。急救的一般措施：一是将蜂群迁出施药区，同时摇出蜂群被农药污染的贮蜜。二是立即用稀糖水进行补充饲喂。三是饲喂解毒剂，如由有机磷农药引起的中毒，在对蜂群进行补充饲喂时，加入0.05%～0.1%的硫酸阿托品或0.1%的解磷定。

二、甘露蜜中毒

（一）分布及危害情况

蜜蜂甘露蜜中毒是我国养蜂生产中一种常见的非传染病，以每年的早春和晚秋发生较严重。此外，在每年的夏秋之交，外界蜜源中断的季节，蜜蜂甘露蜜中毒也时有发生。

蜜蜂甘露蜜中毒由于发生范围大、死亡率高，常常数个蜂场乃至数十个蜂场同时发生。因此，若不及时采取措施，会给养蜂场带来重大的损失。如果是晚秋季节发生甘露蜜中毒，容易使蜂群不能安全越冬而死亡。

（二）中毒原因

由于蜜蜂采集植物上的甘露蜜所引起的中毒症。甘露蜜有两种，即甘露和蜜露。甘露是由蚜虫、外壳虫等昆虫所分泌的含糖液汁。这些昆虫常常寄生在松树、柏树、杨树、柳树、榛树、刺槐、锦鸡儿等多种植物上，在干旱的年份里这些昆虫大量发生，同时排出大量的甘露，有时甚至如喷雾一般地洒在叶片和树干上，蜜蜂采集后就会引起中毒。蜜露则是由植物本身因受外界气温剧烈变化影响而分泌的一种含糖液汁。

当外界缺乏蜜源时，蜜蜂就会采集甘露或蜜露，并将其带回箱内，酿成所谓的甘露蜜。由于甘露蜜中单糖含量低、蔗糖较多，还含有大量的糊精和矿物质（特别是钾含量较高）以及甘露糖等成分（其中，糊精是蜜蜂不易消化的物质，松三糖是使甘露蜜易于结晶的物质），所以蜜蜂取食甘露蜜以后，就会消化不良，尤其过冬期会使蜜蜂不能越过冬天而死亡。

（三）中毒症状

蜜蜂甘露蜜中毒的主要特征是在蜜源中断期，蜂群突然出现异常兴奋和活跃，采集蜂逐渐变得腹部膨大、失去飞翔能力，在地上爬行。解剖病蜂蜜囊呈球状，中肠呈灰白色，充满水状物，并有黑色絮状物，后肠呈黑色，充满浓稠状粪便。

（四）中毒与环境条件的关系

蜜蜂甘露蜜中毒的发生与当年的蜜源、气候变化有密切的关系。凡干旱

歉收的年份，蜜蜂甘露中毒往往严重。凡早春气温偏低、蜜源植物开花较晚或秋季蜜源结束较早，甘露蜜中毒发生较重；反之则较轻。此外，蜂群内贮蜜不足，蜜蜂长期处于饥饿状态的情况下，也容易发生甘露蜜中毒。

（五）诊断方法

1. 蜂场诊断　在蜜源中断期若蜂场上突然出现积极的采集活动，采集蜂又出现腹部膨大、不能飞行，在地上爬行而逐步死亡时，就有可能为甘露蜜中毒。进一步诊断，可打开蜂箱进行观察，若在巢脾上出现较多的未封盖的蜜房，而且蜜汁浓稠、呈暗绿色，用舌头舔尝无蜂蜜的芳香气味，即可诊断为甘露蜜中毒。

2. 甘露蜜诊断

（1）石灰水反应　取被测蜂蜜2～3g放入试管内，加等量的蒸馏水稀释后，再加两倍量的已澄清的10%石灰水。摇匀后，在酒精灯上加热至沸腾，若溶液产生混浊，并静置数分钟后，在试管底部出现棕色沉淀，即证明含有甘露蜜。

（2）酒精反应　取被测蜂蜜3g，放入试管内，加等量的蒸馏水稀释后，再加95%的酒精10mL。充分摇匀后，若溶液出现乳白色沉淀，即证明含有甘露蜜。

（六）防治方法

对蜜蜂甘露蜜中毒的防治，主要采取以预防为主的措施：一是放蜂场地要选择可产生甘露蜜植物较少的地方。二是在晚秋或早春蜜源中断的季节，要为蜂群留足饲料；对于缺蜜的蜂群应及时进行补充饲喂，不要让蜂群长期处于饥饿状态。三是对于已经采集甘露蜜的蜂群，必须在蜂群进入越冬期前，把蜂群内含有甘露的蜜脾撤出，另换以优质蜜脾作越冬饲料或用白糖进行补充饲喂。四是因甘露蜜中毒诱发其他传染性病害（如孢子虫病、下痢病等）的蜂群，应根据不同的病害采取相应的防治措施。

三、花粉、花蜜中毒

蜜蜂花粉、花蜜中毒是由于蜜蜂采集了某些有毒蜜粉源植物的花粉或花蜜引起的。对于引起蜜蜂中毒的物质与引起高等动物中毒的物质的含义既有相同之处，也有相异之处。如有的蜜粉源植物雷公藤、紫金藤、博落回、藜芦、断肠草、狼毒、乌头、羊踯躅等，不但对蜜蜂有毒，而且对人畜也有毒；但也有的只对蜜蜂有不利影响，对人畜并无毒害，如茶花、枣花及甘露蜜等。

大部分有毒蜜源植物都在夏秋季开花，放蜂时应尽量注意避开有毒蜜粉源植物的分布地；若未避开，一旦发现有蜜蜂中毒死亡的情况，应立即将蜂迁移出有毒蜜粉源植物的场地。轻微中毒饲喂稀薄糖浆或甘草糖浆可起到局部解毒作用。

第七章 蜂产品生产技术

养蜂的目的是为了生产蜂产品获取经济效益，包括蜂蜜、蜂花粉、蜂蜡、蜂蛹虫和蜂毒等诸多品种。蜂产品生产是养蜂技术的重要组成部分，蜂产品广泛地应用于食品、医药、轻工和农牧业等各个领域。

第一节　蜂蜜及其生产技术

一、蜂蜜

（一）蜂蜜来源

蜂蜜是蜂产品中的大宗产品，是蜜蜂采集植物的花蜜、分泌物或蜜露，并混以自身唾腺的分泌物经充分酿造而贮藏在蜂巢内的天然甜物质。蜂蜜是大自然赐予人类的珍贵食物，其主要来源于植物的花朵，是蜜蜂辛勤劳动的结晶。

1. 采集植物花蜜酿造而成的蜂蜜　通常所说的蜂蜜，主要是指蜜蜂采集植物花蜜酿造而成的蜂蜜（图7-1），这种花蜜酿造成的蜂蜜，蜜味芳香、浓郁，质地优良，如椴树蜜、刺槐蜜、向日葵蜜和油菜蜜等。

图7-1　采集花蜜
（薛运波　摄）

2.采集植物花外蜜露酿造而成的蜂蜜 蜜蜂采集植物花外蜜露酿造而成的蜂蜜（图7-2），主要有棉花蜜和橡胶树蜜，几乎无香味或香味很淡。

图7-2 花外蜜露
(薛运波 摄)

3.甘露蜜 蜜蜂采集昆虫分泌的甘露或植物因干旱渗出含糖液体酿造而成的蜂蜜（图7-3、图7-4）。当外界蜜源缺乏时，蜜蜂会采集甘露，并以这种甘露酿造成蜂蜜，又称甘露蜜。甘露蜜质地不如花蜜酿造的蜂蜜，化学成分比较复杂，无香味、颜色暗绿、黏稠，可供人食用，但不能作为蜜蜂饲料。

图7-3 能够分泌含糖液体的杉树
(薛运波 摄)

（二）蜂蜜分类

蜜蜂采自于不同蜜源植物的花蜜所酿造的蜂蜜，具有不同的花香气味、色泽、成分和食疗功效。为此，人们依据自然生态与市场需要，对蜂蜜进行分类生产、存放和销售。

1. 单花蜜和杂花蜜　根据蜜蜂采集蜜源植物的种类，可将蜂蜜分为单花种蜂蜜和杂花蜂蜜。单花种蜂蜜是蜜蜂主要采集一种蜜源植物的花蜜所酿造的蜂蜜，具有该种蜜源植物的花香气味等一些物理、化

图7-4　甘露蜜
（薛运波 摄）

学和微观特性，按照蜜源植物名称来命名，在蜂蜜前加上植物或花的名称。如果蜜蜂采集两种或两种以上蜜源植物的花蜜所酿造的蜂蜜，称为杂花蜂蜜。杂花蜂蜜因来源于多种植物，所以在花香和色泽上有很大差别，通常味道浓厚、色深（图7-5）。

图7-5　杂花蜜
（薛运波 摄）

2. 结晶蜜　根据蜂蜜的物理状态，可分为液态蜂蜜和结晶蜂蜜。刚从巢脾中分离出来的蜂蜜呈黏稠透明或半透明的液体状态，对于这样状态的蜂蜜，习惯称为液态蜂蜜。当蜂蜜贮存一段时间后，尤其是在气温降低后，液态蜂蜜逐渐出现结晶颗粒，最后全部或大部变成了不能流动的结晶固体，对这样的蜂蜜，称为结晶蜂蜜。液态蜂蜜和结晶蜂蜜除物理状态不同外，没有任何性质、成分和功效的改变（图7-6）。

图7-6 结晶蜜
（薛运波 摄）

3.成熟蜂蜜和未成熟蜂蜜 根据蜂蜜酿造的成熟程度，可分为成熟蜂蜜和未成熟蜂蜜。经蜜蜂充分酿造贮存在巢脾被工蜂封盖（或大部分封盖），液度在42波美度以上的蜂蜜称成熟蜂蜜；未经蜜蜂充分酿造，含水量较高的未封盖的蜂蜜称未成熟蜂蜜。

4.分离蜜和巢蜜 根据蜂蜜生产方式，可分为分离蜜和巢蜜。用摇蜜机将蜂蜜从巢脾中分离出来，经过过滤就是分离蜜，这也是现在市场上常见的蜂蜜。巢蜜是带蜂巢的封盖蜜脾，不把蜂蜜取出来，连巢带蜜一起销售食用。

（三）蜂蜜成分

蜂蜜中含有生物体生长发育所需要的多种营养物质，研究已证明含有180余种成分。

1.糖类 糖类是蜂蜜的主要成分，占70%~80%。其中以葡萄糖和果糖为主，占总糖分的85%~95%；其次为蔗糖，一般不超过5%。此外，还含有少量的麦芽糖、乳糖和松三糖等。

2.水分 蜂蜜含水量的高低，标志着蜂蜜的成熟度。通常蜂蜜含17%~24%的自然水分，成熟的蜂蜜一般不超过20%，平均为18%左右。

3.其他物质 蜂蜜中有机酸约含0.1%，无机酸含量极少。矿物质含量与蜜源植物和生长蜜源植物的土壤有关，一般深色蜜比浅色蜜含有的矿物质多。维生素主要来源于蜂花粉，以B族维生素最多。酶类主要为转化酶和淀粉酶，转化酶能够将花蜜中的蔗糖转化为葡萄糖和果糖。淀粉酶的含量是衡量蜂蜜成熟度、加热程度和贮存时间的质量指标。此外，蜂蜜中还含有少量蛋白质

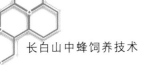

和氨基酸、芳香物质、乙酰胆碱、色素、胶体物质、抑菌素、蜡质和去甲肾上腺素等。

（四）蜂蜜应用

蜂蜜自古就被人们认为是一种优良的天然滋补营养食品和医疗保健药品。蜂蜜有补脾肾、润肺肠、安五脏、和百药、解毒、消炎和止痛等功效。经常食用蜂蜜可以增强脑力和体力，帮助消化，对老人、儿童以及营养不良等病人都很适用，对胃炎、气管炎、肝病、贫血、心脏病、便秘、神经衰弱、烫伤和溃疡等疾病都有很好的辅助治疗作用。此外，蜂蜜作为甜味剂和工业原料，广泛用以制作饮料、酒、蛋糕、中西药品和化妆品等。

二、蜂蜜生产

蜂蜜的产量、质量与生产方式有直接关系，养蜂者要立足于自身蜂场优势条件，在强群、优质、高产的基础上，为社会提供合格的蜂蜜产品。

（一）组织采蜜群

在流蜜期，每一个蜂群都能够本能地去采蜜。但由于蜂群内部结构和发展阶段不同，有的蜂群发展强壮解除了繁重的哺育负担，有的蜂群较弱仍处在增殖阶段，这时需要人为地进行调整，将全场蜂群加强到采蜜群的标准，为蜂群创造蜂蜜生产条件（图7-7）。

图7-7 蜜蜂清理破损巢房的蜂蜜
（薛运波 摄）

采蜜群多数是在原群基础上发展起来的，也可以在流蜜期到来之前临时组织。采蜜群的群势要强大，在流蜜期前一般应不低于10框蜂、6张子脾，蛹脾均应占子脾的60%以上，蜂群内哺育负担不过重，大部分工蜂在流蜜期能够投入采蜜和酿蜜工作。巢脾不足，要在流蜜期前修造新脾，以便及时扩大采蜜群的蜂巢。

（二）生产优质蜂蜜

为了保证蜂蜜质量，在流蜜期到来前45天就要停止饲喂和喷洒防治蜂病的抗生素及杀螨药物，防止蜂蜜受到污染。

1. 成熟蜂蜜　指封盖蜜，含水量20%以下。生产成熟蜂蜜要在强群基础上进行，强群采集力强、进蜜快，便于叠加继箱。进入流蜜期清框后，采蜜群的育虫箱上第一个贮蜜继箱贮蜜量达到八成时，即在育虫箱上加第二个贮蜜继箱，以此类推。取蜜时按成熟情况依次撤下箱体进行摇蜜。

2. 单一花种蜂蜜　单一花种蜂蜜具有色泽正、蜜源植物花香浓郁等特点。要抓准花期，在流蜜期开始时全场蜂群要清框，将巢内混杂的存蜜摇出去，以后的蜜就是单一花种蜂蜜，这时根据蜂蜜的成熟度按时取蜜，单独存放（图7-8）。

图7-8　单一花种分离蜜
（薛运波　摄）

3. 杂花蜜　在同一个流蜜期里有多种蜜源植物同时开花，这时蜂群没有生产单一花种蜜的条件，只能生产杂花蜜。生产杂花蜜，虽然不像单一花种蜂蜜那样严格，但质量同样要达到成熟蜜标准（图7-9）。

图7-9　成熟蜜脾
（薛运波　摄）

第二节　巢蜜生产技术

巢蜜是中蜂将蜂蜜直接酿贮在巢脾上，待全部封盖，取出蜂巢后，直接进入市场的封盖蜜（图7-10）。长白山中蜂由于耐低温，善于利用零星蜜源，

图7-10　整张巢蜜
（薛运波　摄）

又节省饲料，封盖的巢蜜品种比较杂，所以中蜂巢蜜历来享有"百草药"的美誉之称。同时中蜂较抗螨、病少，常年饲养在山区、半山区，生态环境好，很少受到污染，不像西蜂那样经常使用杀螨剂、抗生素等药物。因此，中蜂巢蜜不仅有其他蜂蜜的保健作用，而且还具有天然绿色、无污染的独特优点，在市场上备受消费者青睐。巢蜜的市场价格较高，生产优质巢蜜是养蜂者增收的一项措施（图7-11至图7-13）。

图7-11　专业生产巢蜜蜂场
（薛运波 摄）

图7-12　新型巢蜜生产蜂场
（薛运波 摄）

图7-13 专业生产巢蜜的蜂箱
（薛运波 摄）

一、生产巢蜜的蜂群

在长白山区，生产巢蜜的时间为6月中下旬，蜂群分蜂期过后，正处在增殖期向强群保持期过渡的阶段。此时，外界蜜粉源丰富，中蜂采集积极。生产巢蜜的蜂群要健康、强壮，生产巢蜜前，要对蜂群进行一次全面的检查，做到蜂群加入巢蜜盒后，短期内不打扰蜂群内部形成的蜜蜂贮蜜的秩序（图7-14、图7-15）。

图7-14 生产巢蜜蜂巢
（薛运波 摄）

图7-15　巢蜜生产

（薛运波 摄）

二、中蜂巢蜜的生产措施

（一）巢蜜的生产方法

经过多年的实践，应采用巢箱加浅继箱的方法生产巢蜜。由于中蜂有向上贮蜜的习性，将巢蜜盒放在浅继箱内，中蜂不会将花粉贮存在巢蜜盒中，所以生产的巢蜜封盖完整，巢蜜内无封盖子脾（图7-16）。生产巢蜜用的浅继箱高度与巢蜜盒高度要一致，否则巢蜜盒外部容易修造赘脾。

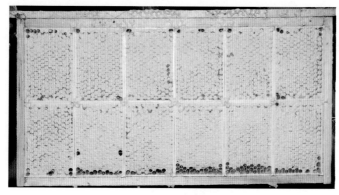

图7-16　方格巢蜜

（薛运波 摄）

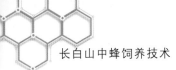

图7-17　立式箱生产巢蜜
（薛运波　摄）

（二）巢蜜盒的安装

在浅继箱内安放巢蜜盒时，应选择天气较好的下午，将巢箱内巢脾框梁上的所有蜂蜡清理干净后，将巢蜜盒顺着巢框梁的方向，逐一摆放在框梁的上部，巢蜜盒外侧加木隔板。巢蜜盒一定要摆放平整，巢蜜盒之间的蜂路应不超过8mm，巢蜜盒摆放的数量依据群势而定（图7-17、图7-18）。

图7-18　生产出的巢蜜
（薛运波　摄）

（三）巢蜜的采收和贮存

采收已封盖的巢蜜时，要轻拿轻放。将巢蜜盒从蜂群取出后，先在室内将巢蜜盒四框上多余的蜂蜡用起刮刀清理干净，再放入蜂群内，经过中蜂的短暂清理后取出，盖上两侧巢蜜盒的盖，这样处理后巢蜜盒内的蜂蜜不会溢出，然后将巢蜜贮存在阴凉干燥处。巢蜜要长时间贮存时，应先放入冰柜中进行循序渐进地冷冻，使其温度降至-7℃，冷冻处理2天，再取出放常温下保存，可防止巢蜜滋生巢虫，失去其商品价值（图7-19、图7-20）。

图7-19　成品巢蜜
（薛运波 摄）

图7-20　瓶中生产巢蜜
（薛运波 摄）

三、巢蜜的增产措施

选择优良蜜粉场地是巢蜜高产的关键措施，蜂群必须强壮，最好利用当年的新分群或双王群生产巢蜜。生产巢蜜期间，要加强蜂箱的通风和遮阳，使巢蜜中的水分及时排出箱外，巢蜜封盖快。当外界进蜜较好，发现巢蜜封盖完整时及时取出，再重新加入巢蜜盒，不要等到蜂群内所有巢蜜盒封盖合格时统一收取，这样不但会影响产量，而且容易造成蜜压子圈，得不偿失（图7-21）。

图7-21　生产巢蜜的蜂巢

（薛运波 摄）

第三节　传统木桶饲养和取蜜技术

一、传统木桶饲养蜜蜂

在采捕野生蜂蜜的早期，人们对发现蜂巢的地方留下了深刻的印象，以后经常到这里寻找蜂巢。后来人们把发现的蜂巢留上记号作为己有，进行看护照料，待存蜜多时再进行采捕，这就是最原始的"看养"中蜂。当长白山人从冬居地穴夏住窝集（森林）进化到住房屋，有了定居的宅院之后，养蜂者就把山上野生在空心树里的蜂巢搬回家来或者将飞进宅院树桶（古代人们居住在山上以空心树桶锯成不同长度的木桶，加上盖和底作为仓、柜盛装物品，是当时家庭的主要器具）的蜂团看养起来；进而人们模仿野生蜂巢，挖树窟引蜂入巢，使桶养中蜂形式深化了一步。《造送会典馆清册》记载："蜂产诸山中，俗称蜜蜂，土人于山中大树挖窟养之，以取蜜"。从此使用空心树桶养蜂的传统深深扎根于各民族的生产活动之中。据史料记载，古时桶养中蜂，使用600mm长的空心树桶作为蜂桶，上下无盖，中间放置一块钻有许多小孔的木板。初春时横挂在房椽一端或树上，即可招来蜜蜂养之，秋季"白露"之后即可"割蜜"。后来桶养中蜂发展为立式桶养法，即将蜜蜂引进600～1 000mm高的木桶，桶上部封严并用坡形木盖或苫草防雨，下部坐在木墩上，堵严缝隙，放置于树荫下。在桶下部留一道30mm宽的小缝，作为蜜蜂出入的巢门；秋后开巢取蜜一半，留下一半供蜂群越冬。以后在此基础上养蜂人将蜂桶锯成2～3段，春季以1～2段蜂桶养蜂，随着蜂群的增强在下部再加1～2段蜂桶来扩大蜂巢。秋季取蜜时将蜂驱赶到下部，取上段蜂桶中蜜脾，留下段蜂桶中的蜜脾作为越冬饲料。这种方法至今还在长白山区桶养中蜂的地方沿用。

长白山区人使用空心树桶养蜂的演化历史，除在树桶规格大小、横放、立放和分段叠加等形式发生变化之外，还在取材上不断地变化和发展。古代人们根据空心树桶的原理，使用树皮卷制成蜂桶，轻便易制，在空心树桶较少的地方广为利用。清朝末期，随着木材加工业的发展，山区出现了用木板做成高1 000mm、宽300多毫米的方形或圆形蜂桶，用这种蜂桶饲养中蜂（图7-22）。古代，长白山人在采捕野生蜂蜜和桶养中蜂的过程中，逐渐认识和掌握了蜂巢、蜜蜂和蜂群的生活习性，对指导养蜂起到很大的作用。如《奉天通志》记载："蜜蜂，暗灰色、翼小身短、尾部稍团、有细毛。每巢空树中，酿蜜育儿，族大则分，如宅未选定，千万头团聚高处，养者接以笠贮糖覆之，皆人食，移置木桶中，封其顶，下留孔出入，蜂即居焉，及冬取蜜，留少许与食，可久不去。约将分族，再树一桶如前，蜂自迁入。"

图7-22 圆筒蜂巢生产巢蜜
（薛运波 摄）

二、木桶饲养蜜蜂的取蜜

木桶养中蜂采蜜时，多将全群蜜、脾捣合一起挤滤 "生蜜"，或者将木桶内全巢投入锅中煮化，冷却后使蜜蜡分离，收取"熟蜜"。每群年取蜜量不等，一般5～30kg，老巢超过百斤。有经验的养蜂人将蜂桶的巢脾割下来分

图7-23 野生蜂巢取蜜
（薛运波／柏建民 摄）

类处理，收取优质蜂蜜，并有目的地保留一部分蜜脾以备蜂群越冬（图7-23）。传统收捕分蜂团和开巢取蜜时用烟熏蜂极为讲究，一般使用点燃的"香"烟熏蜂。山区多用"老牛干"（枯树上生长的一种大型云芝类）或者以蒿草拧成烟绳晒干，点燃后冒出的烟气味清新，驱蜂效果较好。在清朝后期，桶养中蜂较为兴旺，遍及长白山各地、松花江上游山区。一般农户家养10～20桶，深山区曾出现一些饲养上百桶中蜂的大户。在东部乌苏里地区乃至老王庙、杨木岗、三姓等地，有不少在山林中桶养中蜂和采捕野生蜂蜜者，其中有不少人以此为业，产蜜量较高。

传统木桶饲养中蜂毁巢取蜜的方法，逐渐在生产中有所改革。最初是在蜂巢中留一部分蜂蜜，后来有养蜂者将蜂桶锯成2～3段，春季先以1段蜂桶饲养蜜蜂，随着蜂群繁殖强壮，在下部增加1～2段蜂桶；秋季取蜜时将蜜蜂驱到上部，取下段蜂桶蜜脾，留上段蜂桶蜜脾供蜜蜂越冬。此法取蜜称之为"割蜜"，这种饲养方法至今还在山区流传（图7-24）。

图7-24 圆筒巢蜜
（薛运波 摄）

长白山区养蜂历史悠久。桶养中蜂的文化深深扎根于各民族的生产活动中，不仅在长白山古老的养蜂生产中发挥了巨大的作用，而且也为长白山现代养蜂生产的发展留下了深远的影响。

第四节　蜂蜡生产技术

一、蜂蜡

（一）蜂蜡来源

蜂蜡又称黄蜡、蜜蜡，是由蜂群内适龄工蜂腹部的4对蜡腺分泌出来的一种脂肪性物质。在蜂群中，工蜂用分泌出来的蜡修筑巢脾、进行子房封盖和饲料房封盖。巢脾是供蜜蜂贮存食物、培育蜂儿和栖息结团的地方，因此，蜂蜡既是蜂群的产品，又是其修造巢脾等不可或缺的材料。

蜂蜡是由蜜蜂分泌出来的，蜂蜡的采集生产则是由养蜂者完成的。养蜂者通过加强蜂群的饲养管理，促进蜜蜂多泌蜡、多筑脾，然后将使用多年的老巢脾、筑造的赘脾、割掉蜂房的蜡盖、台基以及摇蜜时的蜜盖等收集起来，经过人工提取，除去茧衣、蜂尸等杂质而获得（图7-25）。

图7-25　蜂　蜡
（薛运波　摄）

（二）蜂蜡分类

泌蜡是蜜蜂的本能。养蜂者通过加强蜂群饲养管理，壮大蜂群，促进工蜂多泌蜡造脾，经过初加工即可获得纯净的蜂蜡。不同蜂种所分泌的蜂蜡在理化性质上存在差别，不同生产方式所获得的蜂蜡在质量上存在差异。

1. 蜜盖蜡和巢脾蜡　蜂蜡按生产方式不同分为蜜盖蜡和巢脾蜡。蜜盖蜡是质量最好的蜂蜡，蜂蜡中的上品，是利用取蜜割下来的蜜盖及巢脾加厚部分、割雄蜂房时的房盖、赘脾、蜡瘤、王台壳等熔化提炼所得到的蜂蜡，蜡质纯，色泽浅黄、鲜黄等。巢脾蜡是淘汰下来的旧巢脾熔化提炼所得到的蜂蜡，蜡中含有矿蜡，色泽有棕黄、灰黄和黄褐等，质量比蜜盖蜡差。

2. 黄色蜂蜡和漂白蜂蜡　蜂蜡按颜色不同可分为黄色蜂蜡和漂白蜂蜡。蜜蜂分泌的蜂蜡本应是白色的，因蜜蜂采集花粉不同，脂溶性类胡萝卜素或其他色素导致蜂蜡呈黄色。漂白蜂蜡是根据需要用化学法漂白而成，其内在质量与黄色蜂蜡基本相同。

（三）蜂蜡成分

蜂蜡是一种复杂的有机化合物。其主要成分高级脂肪酸和一元醇所合成的脂占蜂蜡的70%～75%，脂肪酸占蜂蜡的19%～26%，碳氢化合物占蜂蜡的10%～16%，不饱和烃（主要为三十烷烃）占2.5%。此外，蜂蜡中还含有三十烷醇、脂肪酸胆固醇酯、着色剂、W-肉豆蔻内脂及少量水、矿物质和芳香物质。

（四）蜂蜡应用

人类应用蜂蜡的历史悠久，我国早在西汉时期就利用蜂蜡制作蜡烛、蜡玺、蜡版、蜡丸书和蜡染布等。现代，随着科技的发展，更进一步拓宽了蜂蜡的应用范围。蜂蜡在电子、光学仪器、机械、医药、食品、轻工、化工、纺织、农林、乐器以及工艺品等方面都有应用（图7-26）。如广泛用于中药丸包衣、药膏、赋形剂；食品包装外衣、化妆品基质；用作润滑剂、绝缘蜡布、地板蜡、蜡像；提取三十烷醇，作为农作物生长剂等。

图7-26　蜂蜡工艺品
（薛运波 摄）

二、蜂蜡生产

按蜜蜂的泌蜡能力，每2万只工蜂一生能分泌1kg蜂蜡，因此，蜂群生产蜂蜡的潜力很大。要充分利用蜂群泌蜡的积极性，增产蜂蜡，提高养蜂生产的经济效益。

（一）蜂蜡增产的方法

1.多造新脾 根据中蜂喜欢新巢脾的特性，多修新巢脾更换旧脾。在繁殖季节，随着蜂数的增多，蜂群需要扩大蜂巢，巢内饲料充足、外界蜜源较好时，工蜂就会积极泌蜡筑巢。不失时机地给蜂群加巢础框供蜜蜂造新脾，多造1张新脾等于生产60g蜂蜡，换下旧脾化蜡是增产蜂蜡的主要途径。

2.积累蜂蜡原料 综合积累蜂蜡原料，在日常蜂群管理中随时收集赘脾、蜡瘤、蜡屑和检查蜂群割下的雄蜂房盖。在繁殖季节，将巢脾高于正常巢房部分削下，既促进蜂王产卵又增产蜂蜡。

（二）蜂蜡去杂

蜂蜡去杂的目的，就是将巢脾蜡、蜜盖蜡和赘脾等蜂蜡原料中的杂质清除出去，得到纯净的蜂蜡，便于保存和应用。

1.日光晒蜡 日光晒蜡去杂是将蜂蜡原料放入日光晒蜡器内的纱网上，盖上玻璃，放在阳光下靠强烈的日光照射使蜂蜡熔化。熔化了的蜡液经过纱网滴入承蜡浅盘，蜡液顺着浅盘上的出口再流淌到承蜡槽内，最后冷凝成蜡坨。这种方法利用自然能源，成本低，随时可以处理蜡盖、旧巢脾、蜡渣等，还可以熔化隔王板、纱盖上的积蜡，既提高了蜂蜡的产量，又对这些用具进行了日光消毒。

2.熬煮 熬煮挤压去杂是蜂场最常使用的一种方法。将平时收集的蜜盖、赘脾等零星蜂蜡放在锅里，加入3～4倍的清水进行熬煮，等到锅里的蜂蜡全部熔化后，将蜡液舀入大口容器里使用榨蜡器（图7-27）更为方便、卫生。

图7-27 榨蜡器
（薛运波 摄）

<h1 style="text-align:center">第五节 花粉生产技术</h1>

一、蜂花粉

(一) 蜂花粉来源

花粉呈小粒状，亦称花粉粒，是被子植物雄性生殖器官——雄蕊产生的雄性配子体。蜜蜂从植物雄蕊花药上采集花粉粒，经过蜜蜂加工而成的团状物即是蜂花粉。蜜蜂采集花粉是为了自身的生存和繁殖，蜂花粉是蜂粮的原料，是蜜蜂饲料中蛋白质和维生素的主要来源（图7-28、图7-29）。蜂花粉中除含有一般花粉外，还含有蜜蜂在采集过程中加进去的少量花蜜和唾液。因此，蜂花粉与一般花粉的成分略有差异。

图7-28　采集荷花花粉
（薛运波 摄）

图7-29　载粉回巢
（薛运波 摄）

（二）蜂花粉分类

蜜蜂采集的花粉五颜六色，代表着许多种蜜粉源植物。每天蜜蜂采来的花粉品种不断变换，为此，生产花粉要增加人为分类措施。

1.单一品种花粉　生产花粉时，要根据蜂群采集花粉的专一性和粉源盛衰程度及时分类收集单一品种花粉，单独晾晒、干燥和贮存、包装，纯度达到85%以上就可以作为单一品种花粉（图7-30）。单一品种花粉具有特殊的食用、药用价值，价位较高，如茶花粉、蒲公英花粉、山猕猴桃花粉、荷花粉、柳树花粉、油菜花粉和荞麦花粉等。

图7-30　花粉采集群
（西蜂脱粉，薛运波 摄）

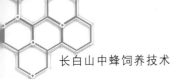

2.杂花粉　生产单一品种花粉时，其余的多品种混合在一起的花粉，综合在一起称杂花粉。杂花粉因产地不同，其品种结构、营养成分、用途、功能各有所不同，如东北山花粉、长白山春花粉、山猕猴桃花粉、草原百花粉等。

（三）蜂花粉成分

1.蛋白质和氨基酸　蜂花粉中蛋白质含量一般在7%～30%，平均为20%左右。蜂花粉是氨基酸的浓缩物，几乎含有人类迄今发现的所有氨基酸，一般含量为13%左右。

2.糖类和脂类　蜂花粉中糖类占25%～48%，主要是葡萄糖和果糖，还含有一些蔗糖、麦芽糖、纤维素、淀粉和糊精等。脂类物质占1%～20%，主要有磷脂、糖脂和脂肪酸等。不饱和脂肪酸含量占脂类总量的60%～91%。

3.维生素和矿物质　每100g蜂花粉中含泛酸5～20mg、吡多醇0.5～5mg、维生素H 0.05～0.1mg、叶酸0.5～5mg、维生素C 70～80mg、维生素E 0.5～100mg、维生素P 15～50mg、维生素A 15～50mg，还含有维生素D、肌醇、胆碱等。蜂花粉中含有30多种矿物元素，包括人体所必需的14种微量元素和常量元素，含量为1%～7%。

4.其他物质　蜂花粉中含有90多种酶，黄酮类化合物的含量为0.12%～9%，核酸的含量一般为2%左右。此外，还含有微量激素、生长素、芸薹素、植酸、乙烯、赤霉素和多种有机酸等。

（四）蜂花粉应用

早在2 000多年前，《神农本草经》中就有花粉利用的记载。直至今日，花粉依然以其独特和神奇的功效受到人们的青睐，在食品、医药和化妆品行业得以广泛应用。蜂花粉能增加食欲，促进消化系统对食物的消化和吸收，增强消化系统的功能；调节神经系统，促进大脑细胞的发育和智力发育；增强毛细血管强度、弹性、软化血管，降低胆固醇和三酰甘油等含量；促进内分泌腺体的发育，提高内分泌腺的分泌功能；促进造血，抗辐射、抗缺氧、抗衰老，提高机体免疫功能；改善皮肤细胞的营养状态，促进皮肤细胞新陈代谢，延缓细胞老化。

二、生产蜂花粉

生产蜂花粉是利用蜜蜂采集花粉的积极性，抓住粉源丰富的有利时机挖掘蜂群生产潜力的一种生产措施。在正常情况下方法得当，不影响蜂群繁殖和其他蜂产品的生产，每年每群蜂能够生产2～3kg花粉，粉源花期长的地方，年群产可达到5kg以上。

（一）生产蜂花粉的时间

当蜂群进入增殖期，蜂王产卵旺盛，工蜂积极哺育蜂儿，巢内需要花粉量较大，外勤蜂采粉积极性高，巢内贮粉较多，气候正常，粉源良好，蜂数达到5框以上的蜂群就可以生产花粉。多数花期的前期花粉多、后期花粉少，为此，生产花粉宜抢"花头"，不要赶"花尾"。

（二）生产蜂花粉的蜂群

生产蜂花粉的蜂群不像生产蜂蜜那样要求越强越好，处在增殖期的中等蜂群生产花粉效率高。强群生产花粉因外勤蜂多需要增开巢门，避免外勤蜂进出蜂巢时拥挤。生产花粉的蜂群，脱粉时间要根据花期进粉情况和天气状况适当间断，保证群内贮粉充足，不影响繁殖；同时要注意调整扩大被花粉压缩的子脾，保持繁殖效率。在一个花期内蜂蜜和花粉同时生产的情况下，要尽可能错开，一般前期生产花粉，后期生产蜂蜜；或者在一天中进粉集中时生产一段时间花粉，然后再生产蜂蜜。

（三）脱粉器的利用

脱粉器是生产花粉必备的工具，有多种样式，使用原理是相同的，利用脱粉器上密布2～5排孔径为4.2mm的脱粉孔，在巢门口拦截外勤蜂采集回来的花粉团。脱粉孔数量以及孔径的大小直接影响脱粉效率，一般脱粉率为40%～50%，适合繁殖、采粉同步进行。脱粉器对着巢门安装好后，要不断检查调整，保证有效脱粉，并随时收集脱落下来的花粉，按照分类集中进行干燥或保鲜处理。

（四）蜂花粉的干燥

蜜蜂刚采集回来的新鲜蜂花粉含水量很高，为15%～20%，有的甚至高达30%～40%。含水量高的蜂花粉在常温下很容易发霉变质，不利于贮藏和运输。因此，采收后的蜂花粉必须及时干燥处理，使其含水量降到8%以下，才可以收藏待售。

1. 日光晒干 将采收到的新鲜蜂花粉均匀地摊在干净的木板、竹席、厚纸或布上，离地面80～100cm，花粉厚度约2cm，罩上防蝇、防蜂等纱网，在纱网上覆盖纱布或白布，然后放在阳光充足的地方通风照晒。日晒过程中应勤翻动，翻动时动作要轻缓，避免蜂花粉团粒破碎。有条件的蜂场，可在离蜂花粉的摊晒面上1m高处搭架，再覆盖白布或纱布，这样做既可以通风，又可以减少阳光的直接照射。晾晒地点应远离公路、铁路和有扬尘的地方。

2. 土炕干燥 北方农村睡土炕，把白布或厚纸铺在炕上，然后将采收下

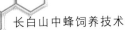
来的新鲜蜂花粉铺上一层,厚度1～2cm,蜂花粉上再盖上一块纱布,防止蝇尘污染,然后用燃料把炕烧热,炕温控制在30～40℃,烘干蜂花粉要随时翻动,防止与炕面接触最近的蜂花粉被烘焦。

3. 小棚干燥 在干爽的平地上利用大棚膜建造面积为5～10m²的小型塑料棚,小棚的中心高度以不影响人直立行走为度,棚顶开一个小天窗。将采收下来的新鲜蜂花粉铺在厚纸上,放入小棚内烘干,及时翻动。这种小棚晾晒蜂花粉的好处是不怕风尘,能减少泥沙污染,不会被阵风掀翻,也不会被雨淋湿。在多云天气,小棚的棚温仍可达到30℃以上。此法不仅适用于定地养蜂的蜂场,也适用于转地放蜂的蜂场,造价成本低,烘干速度快、效率高,非常实用。

第八章 蜜粉源植物

蜜粉源植物是养蜂生产不可缺少的资源条件，它影响着蜂群的生存、繁殖和养蜂生产的经济效益，可以说没有蜜粉源植物的存在就没有养蜂业，因此蜜粉源被列为养蜂科学的三大要素之一。蜜粉源是由众多的虫媒植物和部分风媒植物组成的。有木本植物，也有草本植物；有野生植物，也有栽培植物。从林区、山野到农田、牧场，从丘陵、荒坡到草原、绿地，从村庄、宅地到园林、路旁，凡是有植物生长的地方，都有蜜粉源植物存在。

第一节　蜜粉源植物的概念

在长期的自然选择和进化过程中，被子植物与昆虫形成了相互依赖的关系，植物靠昆虫传花授粉繁殖后代，昆虫靠植物提供饲料而生存。花是植物的生殖器官，花中的蜜腺分泌花蜜，雄蕊产生花粉（植物的雄性细胞），吸引蜜蜂等昆虫前来采集花蜜、花粉，因此，在养蜂生产中称泌蜜吐粉的植物为蜜粉源植物。

一、主要蜜源植物

凡属于分布面积广、开花时间集中、流蜜期较长、流蜜量比较大，在整个开花期蜜蜂不仅能够采集到自身生存和繁殖所需要的饲料，而且还能够生产出较多商品蜜的蜜源植物，均为主要蜜源植物。养蜂生产中依靠主要蜜源生产商品蜜，没有主要蜜源养蜂就难以取得较好的经济效益。长白山区主要蜜源植物有椴树、刺槐、山花、胡枝子、向日葵等，都是在长白山区分布面积广、流蜜量较大，能够生产商品蜜的主要蜜源。

二、辅助蜜源植物

辅助蜜源植物系指分布面积较小、流蜜量不大，在开花时期蜜蜂只能采集到维持群体生存和繁殖的饲料蜜，不能生产商品蜜的蜜源植物。养蜂利用辅助蜜源繁殖蜂群，培育采集蜂，待到主要蜜源花期以较强的蜂群生产商品蜜。长白山区辅助蜜源植物多达上百种，如柳树、李树、杏树、桃树、蒲公英、瓜类、车前、香薷、三叶草、韭菜、草莓、益母草等（图8-1、图8-2）。没有辅助蜜源，蜂群就难以生存和繁殖，更谈不上生产商品蜜。因此，对养蜂生产来说，辅助蜜源和主要蜜源同等重要。

图8-1 柳 树
（西蜂采集，薛运波 摄）

图8-2 茶 条
（西蜂采集，薛运波 摄）

三、粉源

粉源是指能够在花期为蜜蜂提供花粉的植物。粉源植物有两类，一类是开花有蜜有粉的植物，通常称其为蜜粉源植物，如柳树、蒲公英、瓜类、油菜等，蜜蜂从这种蜜粉源植物的花朵上既能采到花蜜、也能采到花粉；另一类是开花有粉无蜜的植物，称其为粉源植物，如杨树、桦树、榛树、高粱、玉米、水稻等（图8-3）。花粉是蜜蜂所需的蛋白质、氨基酸、维生素等唯一的营养资源，是蜂群繁殖不可缺少的饲料，没有花粉蜂群就不能正常哺育蜂儿、繁殖后代，也不能分泌蜂蜡，整个蜂群很快衰弱失去生机。因此，对蜂群来说粉源和蜜源同等重要。

图8-3 粉源植物玉米
（西蜂采集，薛运波 摄）

第二节　蜜粉源植物简介

一、主要蜜源植物

（一）刺槐

刺槐别名洋槐，豆科，落叶乔木，高15～20m。奇数羽状复叶，互生；总状花序，腋生，花白色（图8-4）。分布很广，山东、河南、河北、山西、陕西、甘肃、辽宁、吉林等省较为集中，是春末夏初的主要蜜源，花期4～6月，一个地方的花期8～10天。若花期前降水充足，花期无低温寒流和大风天气，流蜜旺盛。若花期连续暴雨大风天气，流蜜会终止。一个花期群产蜜10～40kg。刺槐蜜为水白色，不易结晶，味清香，花粉较少。

图8-4　洋　槐
（西蜂采集，薛春萌 摄）

（二）椴树

为椴树科落叶乔木。主要有紫椴（小叶椴）、糠椴（大叶椴）（图8-5至图8-7）。紫椴高达15m，单叶互生，叶片心形；由3～20朵小花组成聚伞花序，花淡黄色。糠椴高达20m，由7～12朵花组成聚伞花序，花淡黄色，大于紫椴。

图8-5 椴树蜜源
（薛运波 摄）

图8-6 紫椴
（西蜂采集，薛运波 摄）

图8-7 糠椴
（薛运波 摄）

椴树主要分布在东北地区的长白山区、小兴安岭和完达山区，多生长在海拔200～1 200m的阔叶混交林或针阔叶混交林里，近年由于采伐量较大，分布面积明显减少，但仍然是一个产蜜量较大的商品蜜源。

椴树是东北林区夏季的主要蜜源，花期7月，开花流蜜期20～30天。椴树流蜜有大小年现象，但在深山区由于受地势、树龄、小气候差异等多种因素的影响，大小年不明显；浅山区大小年非常明显，往往是一年丰收一年歉收。正常年群产蜜40～100kg。椴树蜜浅琥珀色，味芳香；花粉深黄色，量少。

（三）草木樨

草木樨有白花草木樨和黄花草木樨两种，蝶形花科二年生草本。高1～2m，小叶椭圆形或披针状椭圆形，总状花序腋生，花白色或黄色（图8-8、图8-9）。

图8-8 黄花木樨
（西蜂采集，薛春萌 摄）

图8-9　白花木樨
（西蜂采集，薛春萌 摄）

草木樨耐旱、耐寒、适应性强。主要分布在东北、华北、西北等地，花期6～8月，流蜜期30天左右。黄花草木樨花期早于白花草木樨。草木樨在春季雨水充足、无明显自然灾害情况下泌蜜丰富，产量较稳。正常年景群产蜜20～40kg。草木樨蜜为浅琥珀色，味芳香；花粉为黄色。

（四）胡枝子

胡枝子别名苕条，豆科多年生落叶小灌木，丛生。高1～2m，羽状复叶具3小叶，总状花序腋生，花冠红紫色（图8-10）。

胡枝子多生于土坡、丘陵、林边，是东北及内蒙古东部山区主要蜜源，花期7～8月，开花流蜜期30天左右，是椴树花期以后的一个接续蜜源。胡枝子对气候敏感，很不稳产，若花期不干旱，高温晴天，流蜜旺盛；若低温多雨，则不流蜜或流蜜量较低。丰收年群产蜜20～50kg。胡枝子蜜浅琥珀色，味清香；花粉土黄色，量多。

图8-10　胡枝子
（西蜂采集，薛春萌 摄）

（五）向日葵

向日葵别名葵花，菊科一年生草本油料作物。高2～3m，头状花序，单生茎顶或腋生，花黄色（图8-11）。

图8-11　向日葵
（西蜂采集，薛春萌 摄）

向日葵主要分布在东北、华北、西北等各地，是农田区秋季主要蜜源，花期8～10月，开花流蜜期30天。向日葵在无大自然灾害的情况下，比较稳产；但在低温多雨或严重干旱的气候条件下，向日葵生长不良，流蜜不佳。正常年群蜂产蜜量20～50kg。向日葵蜜为琥珀色，味清香；花粉黄色，量较大。

（六）荞麦

荞麦别名三角麦，蓼科一年生粮食作物。高50～100cm，叶互生，呈卵状三角形；总状花序，顶生或腋生，花白色或粉红色（图8-12）。

图8-12　荞麦蜜源
（薛运波　摄）

荞麦耐瘠薄、适应性强，各地都有栽培，是东北、内蒙古、西北、华北以及南方一些地区秋季最后的主要蜜源，花期自8月上旬至10月上旬由北向南推迟开花。东北地区花期8～9月，流蜜期20天左右。荞麦在20℃以上、30℃以下流蜜，遇阴雨、低温、干旱、大风等恶劣气候停止流蜜，花期缩短。在正常情况下年群产蜜量10～40kg。荞麦蜜为深琥珀色，花粉为暗黄色。

二、辅助蜜源植物

辅助蜜源植物的种类很多，各地辅助蜜源的种类和分布情况也不相同。东北山区辅助蜜源植物以椴树流蜜期为界限，分春夏季辅助蜜源和秋季辅助蜜源两大类。

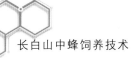

长白山中蜂饲养技术

（一）春夏季辅助蜜源植物

春夏季辅助蜜源植物主要有冰郎花、柳树、色木槭、拧筋槭、花楷槭、山梨（图8-13）、山杏、稠李、山丁子、蒲公英（图8-14）、莓叶萎陵菜、山桃、山芝麻、叶芹草、悬钩子、忍冬（图8-15）、茶条槭、山里红、唐松草、黄菠萝、山猕猴桃、蚊子草、珍珠梅、山槐、车前子、接骨木（图8-16）、红三叶草（图8-17）、白花菜（图8-18）、水蜡树（图8-19）、黄柏（图8-20）、金针菜（图8-21）、油菜（图8-22）、老鹳草（图8-23）、大葱（图8-24）等。春季辅助蜜源的整个花期为70～80天，此期上百种草本、木本蜜源植物交错开花，蜜粉时多时少，组成一个较长的辅助蜜源花期。

图8-13 梨 树
（薛运波 摄）

图8-14 蒲公英
（西蜂采集，薛运波 摄）

208

图8-15 忍 冬
（西蜂采集，薛运波 摄）

图8-16 接骨木
（西蜂采集，薛春萌 摄）

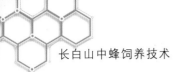

图8-17　红三叶草

（西蜂采集，薛春萌　摄）

图8-18　白花菜

（西蜂采集，薛运波　摄）

图8-19　水蜡树
（西蜂采集，薛运波　摄）

图8-20　黄　柏
（西蜂采集，薛运波　摄）

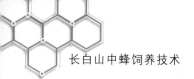

图8-21 金针菜
（西蜂采集，薛春萌 摄）

图8-22 油 菜
（薛运波 摄）

图8-23 老鹳草
（西蜂采集，薛春萌 摄）

图8-24 大 葱
（薛运波 摄）

各地春季辅助蜜源有很大差别，山区林区春季辅助蜜源植物繁多，蜜粉丰富，正常年不仅能满足蜂群繁殖所需要的饲料，而且强群还能取得商品蜜。半山区、平原区柳树花以后，辅助蜜源稀少，有的地区蜜源会出现间断期。辅助蜜源的好坏，除了与蜜源植物分布的多少有关以外，主要是受气候的影响。在回春早、气温较高、降雨正常的年份，春季辅助蜜源植物相对开花较多、蜜粉丰富；在连续低温、多雨、晚霜、冻灾等回春晚的年份，春季辅助蜜源植物开花晚、开花少，甚至蜜粉缺乏。春季辅助蜜源是花粉生产和蜂群繁殖的重要时期，也是取得夏季和秋季蜂蜜丰收的基础条件。为此，充分利用春季辅助蜜源繁殖采蜜适龄蜂，积蓄蜂群的生产力，是夺取蜂蜜丰收的基础措施。

（二）秋季辅助蜜源植物

山区秋季辅助蜜源植物主要有蓝花鼠尾草（图8-25）、线叶旋覆花（图8-26）、香菜（图8-27）、轮叶婆婆纳、柳兰、刺五加、独活、瓜类、山莴苣（图8-28）、野豌豆、芝麻（图8-29）、紫苏（图8-30）、益母草、月见草、兰萼香茶菜、白花地榆、葎草（图8-31）、红蓼（图8-32）、大蓟、小蓟、香薷、兴安黄耆（图8-33）、野菊花等。整个蜜源花期为45～60天，约有上百种蜜源植物（多为草本）交错开花，并与胡枝子花期前后接续，组成了秋季蜜源花期。

图8-25　蓝花鼠尾草
（西蜂采集，薛春萌　摄）

图8-26 线叶旋覆花
（薛运波 摄）

图8-27 香 菜
（薛春萌 摄）

图8-28 山莴苣
（西蜂采集，薛春萌 摄）

图8-29 芝 麻
（薛春萌 摄）

图8-30 紫 苏
（西蜂采集，薛春萌 摄）

图8-31 葎 草
（西蜂采集，薛运波 摄）

图8-32 红 蓼
（西蜂采集，薛春萌 摄）

图8-33 兴安黄耆
（西蜂采集，薛春萌 摄）

秋季辅助蜜源植物的分布，以山区、半山区较为丰富，而林区、平原区较差。秋季辅助蜜源的流蜜程度与气候有很大关系，春夏季不严重干旱、雨水充沛，秋季持续高温、不连雨，辅助蜜源植物流蜜旺盛，与胡枝子主要蜜源构成一个花期较长的主要流蜜期，能够生产较多的商品蜜。一般年景，秋季辅助蜜源不仅能为蜂群提供饲料和生产花粉的条件，而且更重要的是为繁殖越冬适龄蜂提供良好的蜜粉源，为下一年养蜂生产奠定有利的基础。

第三节　影响蜜源植物泌蜜的主要因素

蜜源植物的泌蜜程度，除受植物本身固有的内在因素影响之外，还受环境的制约。在养蜂生产实践中，必须掌握影响蜜源植物泌蜜的环境因素，才能充分利用蜜源达到繁殖蜂群和生产蜂产品的目的。

一、光照

光照是绿色植物进行光合作用的基本条件，植物糖分的形成和花蜜的分泌离不开光照。充足的光照能够促成植物体内糖分的形成、转化和积累。如荞麦、向日葵等农作物蜜源植物，宽播的比密植的流蜜量大；胡枝子在光照稀少的林荫地带不流蜜，而在光照充足的山坡和丘陵地带正常流蜜。

二、气温

蜜源植物开花泌蜜需要适宜的温度条件，蜂蜜产量与气温有密切关系。在东北气温较高的年份往往是蜂蜜丰收年，低温年份多为蜂蜜歉收年。不同的蜜源植物对温度的要求有所不同。如柳树、稠李等在10～20℃泌蜜，椴树、刺槐等在20～25℃泌蜜，荆条、胡枝子等在25～35℃泌蜜。多数蜜源植物在气温较高、湿度适宜的条件下泌蜜量较大。但有些蜜源植物因蜜腺暴露，遇高温时花蜜稠干，不利于蜜蜂采集。

三、降水

植物生长离不开水，植物体内吸收和输送营养物质进行光合作用和呼吸作用都需要大量的水。因此，降水量对蜜源植物泌蜜有很大影响。植物孕蕾阶段水分充足，花期泌蜜丰富；若此期干旱、花期缩短，泌蜜量降低或无蜜。但雨量过大也不利于蜜源植物的生长，特别是流蜜期遇暴风雨打落花朵，会冲掉花蜜，甚至中断流蜜。另外，湿度对植物泌蜜也有很大影响，植物泌蜜

的最适湿度为60%～80%。干旱年景靠近江湖的蜜源植物因湿度较大可正常泌蜜，而湿度小的地方泌蜜很少或不流蜜。

四、土壤

土壤对蜜源植物的生长和泌蜜的影响主要表现在土壤的物理因素（温度、通气性等）和化学因素（酸碱度）以及土壤的肥力（矿物质元素）等方面。生长在不同土壤条件下的同一种蜜源植物尽管其他条件相同，但泌蜜量有很大差异。如生长在石灰质土壤的草木樨、三叶草、紫苜蓿等泌蜜量较高，而生长在其他土壤中的同种植物泌蜜量明显低，甚至无蜜。此外，气候的其他因素，如风、霜冻、冰雹等，还有病虫害等，都是影响蜜源植物泌蜜的因素。

附　图

各　地　蜂　场

一、长白山中蜂蜂场

吉林敦化10框标准箱饲养蜂场
（薛运波　摄）

吉林敦化高窄式蜂箱饲养蜂场
（薛运波　摄）

吉林安图方箱饲养蜂场

（薛运波 摄）

吉林敦化标准箱与木桶混合饲养蜂场

（薛运波 摄）

吉林抚松庭院饲养蜂场

（薛运波 摄）

二、北方中蜂蜂场

河北赞皇蜂场

（薛运波　摄）

山东碉堡式饲养蜂场

（薛运波　摄）

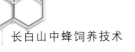

碉堡式饲养自然蜂巢
（薛运波 摄）

碉堡式饲养活框蜂巢
（薛运波 摄）

碉堡式饲养抽屉式蜂巢
（薛运波 摄）

山东方箱式饲养蜂场
（薛运波 摄）

陕西延安窑洞饲养蜂场　　　　　　　　窑洞饲养的蜂巢
（薛运波 摄）　　　　　　　　　　　（薛运波 摄）

参观窑洞蜂场
（崔永江 摄）

宁夏土墙饲养蜂场　　　　　　　　　　宁夏土墙饲养蜂群
（薛运波 摄）　　　　　　　　　　　（薛运波 摄）

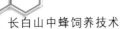

宁夏庭院饲养蜂场
（薛运波 摄）

甘肃方箱饲养蜂场
（薛运波 摄）

甘肃活框饲养蜂场
（薛运波 摄）

甘肃土法饲养蜂场
（薛运波 摄）

甘肃土法饲养蜂巢
（薛运波 摄）

青海回族庭院饲养蜂场
（薛运波 摄）

参观青海回族家庭饲养蜂场　　　　　　青海墙洞中的蜂巢
（常志光 摄）　　　　　　　　　　（薛运波 摄）

青海土洞饲养蜂场

（薛运波 摄）

三、华中中蜂蜂场

神农架传统饲养蜂场

（薛运波 摄）

神农架景观蜂箱
（薛运波 摄）

神农架方箱传统饲养蜂场
（薛运波 摄）

神农架双箱体饲养蜂场
（薛运波 摄）

湖北五峰山地蜂场
（薛运波 摄）

湖北五峰茶园蜂场
（薛运波 摄）

湖北五峰混合饲养蜂场
（薛运波 摄）

湖北五峰木桶养蜂

（薛运波　摄）

浙江龙泉土法饲养蜂场

（薛运波　摄）

浙江龙泉混合饲养蜂场

（薛运波　摄）

浙江龙泉阁楼上饲养蜂场
（薛运波 摄）

江西木桶饲养蜂场
（薛运波 摄）

重庆武隆活框饲养蜂场
（薛运波 摄）

四、阿坝中蜂蜂场

四川阿坝活框饲养蜂场

（薛运波　摄）

四川九寨沟木桶饲养蜂场

（薛运波　摄）

四川木桶饲养蜂巢

（薛运波 摄）

五、云贵中蜂蜂场

云南罗平蜂场

（薛运波 摄）

云南罗平土坯饲养蜂场
（薛运波 摄）

云南罗平观光蜂场
（薛运波 摄）

云南姚安土坯饲养蜂场
（王志 摄）

云南姚安山地蜂场
（王志 摄）

云南姚安土坯活框蜂巢
（王志 摄）

六、滇南中蜂蜂场

云南蚕蜂研究所蜂场

（薛运波 摄）

云南西双版纳蜂场

（薛运波 摄）

云南西双版纳新分群蜂巢

（薛运波 摄）

七、西藏中蜂蜂场

西藏家庭养蜂场

（薛运波 摄）

西藏传统饲养蜂场

（薛运波 摄）

八、华南中蜂蜂场

广东活框饲养蜂场

（薛运波　摄）

广东示范蜂场

（薛运波　摄）

广东陆河蜂场

（薛运波　摄）

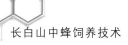

广东龙门蜂场
（薛运波 摄）

九、海南中蜂蜂场

海南椰林蜂场
（薛运波 摄）

海南椰林可翻转的遮阳蜂箱
（薛运波 摄）

海南椰林蜂巢
（邵有全 摄）

海南观光蜂场

（薛运波　摄）

海南橡胶林蜂场

（薛运波　摄）

主 要 参 考 文 献

葛凤晨,1987.蜜蜂饲养管理技术[M].长春:吉林科学技术出版社.

葛凤晨,2010.养蜂技术[M].长春:吉林科学技术出版社.

葛凤晨,陈东海,历延芳,等,2006.长白蜜蜂文化研究[M].长春:吉林科学技术出版社.

葛凤晨,王金文,1997.养蜂与蜂病防治[M].长春:吉林科学技术出版社.

国家畜禽遗传资源委员会,2010.中国畜禽遗传资源志·蜜蜂志[M].北京:中国农业出版社.

徐祖荫,2015.中蜂饲养实战宝典[M].北京:中国农业出版社.

张中印,吴黎明,赵学昭,等,2013.中蜂饲养手册[M].郑州:河南科学技术出版社.